从零开始学技术—土建工程系列

中小型建筑机械操作工

姜 海 主编

U0393884

中国铁道出版社

2012 年·北 京

内 容 提 要

本书是按住房和城乡建设部、劳动和社会保障部发布的《职业技能标准》和《职业技能岗位鉴定规范》的内容,结合农民工实际情况,将农民工的理论知识和技能知识编成知识点的形式列出,系统地介绍了中小型建筑机械操作工的常用技能,内容包括中小型建筑机械操作技术、中小型建筑机械设备使用管理、中小型建筑机械设备的修理、中小型建筑机械管理和中小型建筑机械故障诊断等。本书技术内容最新、最实用,文字通俗易懂,语言生动,并辅以大量直观的图表,能满足不同文化层次的技术工人和读者的需要。

本书可作为建筑业农民工职业技能培训教材,也可供建筑工人自学以及高职、中职学生参考使用。

图书在版编目(CIP)数据

中小型建筑机械操作工/姜海主编. —北京:中国铁道出版社,2012.6
(从零开始学技术. 土建工程系列)
ISBN 978-7-113-13775-5

Ⅰ.①中… Ⅱ.①姜… Ⅲ.①建筑机械—操作—基本知识 Ⅳ.①TU607

中国版本图书馆 CIP 数据核字(2011)第 223710 号

从零开始学技术—土建工程系列

书　　名:　中小型建筑机械操作工

作　　者:姜　海

策划编辑:江新锡　徐　艳
责任编辑:徐　艳　江新照　　电话:010—51873193
助理编辑:王佳琦
封面设计:郑春鹏
责任校对:孙　玫
责任印制:郭向伟

出版发行:中国铁道出版社(100054,北京市西城区右安门西街 8 号)
网　　址:http://www.tdpress.com
印　　刷:化学工业出版社印刷厂
版　　次:2012 年 6 月第 1 版　2012 年 6 月第 1 次印刷
开　　本:850mm×1168mm　1/32　印张:4　字数:93 千
书　　号:ISBN 978-7-113-13775-5
定　　价:12.00 元

前　言

随着我国经济建设飞速发展,城乡建设规模日益扩大,建筑施工队伍不断增加,建筑工程基层施工人员肩负着重要的施工职责,是他们依据图纸上的建筑线条和数据,一砖一瓦地建成实实在在的建筑空间,他们技术水平的高低,直接关系到工程项目施工的质量和效率,关系到建筑物的经济和社会效益,关系到使用者的生命和财产安全,关系到企业的信誉、前途和发展。

建筑业是吸纳农村劳动力转移就业的主要行业,是农民工的用工主体,也是示范工程的实施主体。按照党中央和国务院的部署,要加大农民工的培训力度。通过开展示范工程,让企业和农民工成为最直接的受益者。

丛书结合原建设部、劳动和社会保障部发布的《职业技能标准》和《职业技能岗位鉴定规范》,以实现全面提高建设领域职工队伍整体素质,加快培养具有熟练操作技能的技术工人,尤其是加快提高建筑业基层施工人员职业技能水平,保证建筑工程质量和安全,促进广大基层施工人员就业为目标,按照国家职业资格等级划分要求,结合农民工实际情况,具体以"职业资格五级(初级工)"、"职业资格四级(中级工)"和"职业资格三级(高级工)"为重点而编写,是专为建筑业基层施工人员"量身订制"的一套培训教材。

同时,本套教材不仅涵盖了先进、成熟、实用的建筑工程施工技术,还包括了现代新材料、新技术、新工艺和环境、职业健康安全、节能环保等方面的知识,力求做到技术内容先进、实用,文字通俗易懂,语言生动,并辅以大量直观的图表,能满足不同文化层次的技术工人和读者的需要。

本丛书在编写上充分考虑了施工人员的知识需求,形象具体地阐述施工的要点及基本方法,以使读者从理论知识和技能知识两方面掌握关键点。全面介绍了施工人员在施工现场所应具备的技术及其操作岗位的基本要求,使刚入行的施工人员与上岗"零距离"接口,尽快入门,尽快地从一个新手转变成为一个技术高手。

从零开始学技术丛书共分三大系列,包括:土建工程、建筑安装工程、建筑装饰装修工程。

土建工程系列包括:

《测量放线工》、《架子工》、《混凝土工》、《钢筋工》、《油漆工》、《砌筑工》、《建筑电工》、《防水工》、《木工》、《抹灰工》、《中小型建筑机械操作工》。

建筑安装工程系列包括:

《电焊工》、《工程电气设备安装调试工》、《管道工》、《安装起重工》、《通风工》。

建筑装饰装修工程系列包括:

《镶贴工》、《装饰装修木工》、《金属工》、《涂裱工》、《幕墙制作工》、《幕墙安装工》。

本丛书编写特点:

(1)丛书内容以读者的理论知识和技能知识为主线,通过将理论知识和技能知识分篇,再将知识点按照【技能要点】的编写手法,读者将能够清楚、明了地掌握所需要的知识点,操作技能有所提高。

(2)以图表形式为主。丛书文字内容尽量以表格形式表现为主,内容简洁、明了,便于读者掌握。书中附有读者应知应会的图形内容。

编者

2012 年 3 月

目　录

第一章　中小型建筑机械操作技术

第一节　混凝土机械

【技能要点 1】混凝土搅拌机的操作

1. 操作要点

新机使用前应按使用说明书的要求,对各系统和部件进行检验和必要的试运转,务必达到规定要求方能投入使用。

(1)移动式搅拌机的停放位置必须选择平整坚实的场地,周围应有良好的排水沟渠。

(2)搅拌机就位后,放下支腿将机架顶起,使轮胎离地。在作业期较长的地区使用时,应用垫木将机器架起,卸下轮胎和牵引杆,并将机器调平。

(3)料斗放到最低位置时,在料斗与地面之间应加一层缓冲垫木。

(4)接线前检查电源电压,电压升降幅度不得超过搅拌机电气设备规定的 5%。

(5)作业前应先进行空载试验,观察搅拌筒或叶片旋转方向是否与箭头所示方向一致,如方向相反,则应改变电动机接线。反转出料的搅拌机,应使搅拌筒正反转运转数分钟,看有无冲击抖动现象,如有异常噪声,应停机检查。

(6)搅拌筒或叶片运转正常后,再进行料斗提升试验,观察离合器、制动器是否灵活可靠。

(7)检查和校正供水系统的指示水量与实际水量是否一致,如误差超过 2%,应检查管道是否漏水,必要时应调整节流阀。

(8)每次加入的拌和料不得超过搅拌机规定值的 10%。为减少粘罐,加料的次序应为粗骨料→水泥→砂子,或砂子→水泥→粗骨料。

（9）料斗提升时，严禁任何人在料斗下停留或通过。如必须在料斗下检修时，应将料斗提升后再用铁链锁住。

（10）作业过程中不得检修、调整或加油；并不得将砂、石等物料落入机器的传动机构内。

（11）搅拌过程中不宜停车，如因故必须停车，在再次启动前应卸除荷载，不得带载启动。

（12）以内燃机为动力的搅拌机，在停机前先脱开离合器，停机后仍应合上离合器。

（13）如遇冰冻天气，停机后应将供水系统的积水放净。内燃机的冷却水也应放净。

内燃机的构造

（1）机体。

机体主要包括气缸套、气缸盖、气缸垫和油底壳组成。机体是内燃机各机构、各系统的装配基体。

1）气缸套结构，它的主要作用是与活塞顶及气缸盖底面共同构成内燃机的燃烧室，对活塞的往复运动起到导向作用，向周围的冷却介质传递能量。

2）气缸盖结构，气缸盖内部布置有进、排气和冷却水等通道，它的主要作用是封闭气缸上部并构成燃烧室。

3）气缸垫结构，它的主要作用是补偿结合面处的不平，保证可靠的密封。

4）油底壳结构，它的主要作用是密封曲轴箱，并储存润滑油。

（2）曲柄连杆机构。

曲柄连杆机构是实现工作循环、完成能量转换的主要机构，由活塞组、连杆组和曲轴飞轮组组成。

1）活塞组与连杆组。活塞组包括活塞、活塞环、活塞销和挡圈等零件，连杆组包括连杆、连杆螺栓和连杆轴瓦等零件。

2）曲轴飞轮组。曲轴飞轮组主要由曲轴和飞轮及不同作用的零件和附件组成。零件和附件的种类与数量取决于内燃机的结构和性能要求。

（3）配气机构。

其配气机构由气门组和气门传动组组成。作用时使新鲜空气或可燃混合气按一定要求在一定时刻进入气缸，并使燃烧后的废气及时排出气缸，保证内燃机换气过程顺利进行，并保证压缩和做功行程中封闭气缸。

根据气门在不同发动机燃烧室上的布置型式不同，可分为顶置式和侧置式两种。

（4）柴油机燃油供给系统。

柴油机燃油供给系统主要由燃油箱、滤清器、输油泵、喷油泵、喷油器、油管及燃烧室等组成，按照燃烧室结构要求的供油规律将柴油以高压、雾化的方式喷入燃烧室。为完成这些任务，柴油机燃油供给系统还必须设置自动调节供油量的装置，即调速器。

（5）润滑系统。

润滑系统的基本任务就是将机油不断供给各零件的摩擦表面，减少零件的摩擦和磨损。主要由机油泵、机油滤清器、机油散热器、机油温度表和机油压力表等组成。

（6）冷却系统。

内燃机冷却系统的作用是保证内燃机正常的工作温度，既不过热也不过冷。内燃机的冷却方式有水冷和风冷两种。风冷式柴油机使用方便，启动时间短，故障少，冬天没有冻缸的危险，但驱动风扇所消耗的功率大，工作时噪声大，而且还有散热能力对气温变化不敏感等缺点，所以风冷式内燃机的应用没有水冷式内燃机普遍。强制循环水冷系统由水泵、散热器、冷却水套和风扇等组成。

（7）启动装置。

内燃机启动装置是内燃机启动时借助外力使曲轴连续转动直至气缸内的可燃混合气着火燃烧进入工作循环的装置。

内燃机启动时的最低曲轴转速称为启动转速。低于规定的启动转速时，由于气流速度低，可燃混合气形成不好，而且压缩行程时间长，气缸内气体漏失多，被冷却系统吸收的热量多，使压缩气体的温度降低，内燃机难以着火。

（14）搅拌机在场内移动或远距离运输时，应将进料斗提升到上止点，并用保险铁链锁住。

（15）固定式搅拌机安装时，主动与辅机都应用水平尺校正水平。有气动装置的，风源气压应稳定在 0.6 MPa 左右。作业时不得打开检修孔，入孔检修先把空气开关关闭，并派人监护。

混凝土搅拌机简介

混凝土搅拌机的分类

常用的混凝土搅拌机按其搅拌原理分为自落式搅拌机和强制式搅拌机两类。

（1）自落式搅拌机。

自落式搅拌机的搅拌鼓筒是垂直放置的。随着鼓筒的转动，混凝土拌和料在鼓筒内做自由落体式翻转搅拌，从而达到搅拌的目的。自落式搅拌机多用以搅拌塑性混凝土和低流动性混凝土。简体和叶片磨损较小，易于清理，但动力消耗大，效率低。搅拌时间一般为 90～120 秒/盘，其构造如图 1—1～图 1—3 所示。

鉴于此类搅拌机对混凝土骨料有较大的磨损，从而影响混凝土质量，现已逐步被强制式搅拌机所取代。

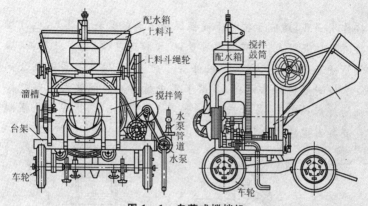

图1—1 自落式搅拌机

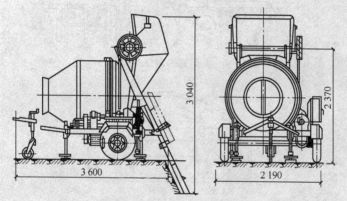

图1—2 自落式菱形反转出料搅拌机(单位:mm)

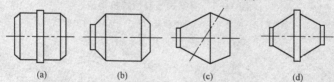

(a)   (b)   (c)   (d)

图1—3 自浇混凝土搅拌机搅拌筒的几种形式

(2)强制式搅拌机。

强制式搅拌机的鼓筒内有若干组叶片,搅拌时叶片绕竖轴或卧轴旋转,将材料强行搅拌,直至搅拌均匀。这种搅拌机的搅拌作用强烈,适宜于搅拌干硬性混凝土和轻骨料混凝土,也可搅拌流动性混凝土,具有搅拌质量好、搅拌速度快、生产效率高、操作简便及安全等优点。但机件磨损严重,一般需用高强合金钢或其他耐磨材料作内衬,多用于集中搅拌站。涡浆式强制搅拌机的外形如图1—4所示,构造如图1—5所示。图1—6为强制式混凝土搅拌机的几种形式。

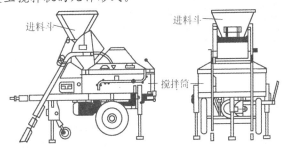

图1—4　涡浆式强制搅拌机的外形

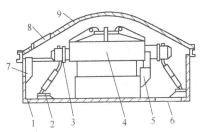

图1—5　涡浆式强制搅拌机构造

1—搅拌盘;2—搅拌叶片;3—搅拌臂;4—转子;5—内壁铲刮叶片;
6—出料口;7—外壁铲刮叶片;8—进料口;9—盖板

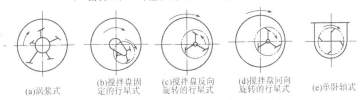

(a)涡浆式　(b)搅拌盘固定的行星式　(c)搅拌盘反向旋转的行星式　(d)搅拌盘回向旋转的行星式　(e)单卧轴式

图1—6　强制式混凝土搅拌机的几种形式

2. 维护保养

(1)日常保养。

1)每次作业后,清洗搅拌筒内外积灰。搅拌筒内与拌和料不接触部分,清洗完毕后涂上一层机油(全损耗损系统用油),便于下次清洗。

2)移动式搅拌机的轮胎气压应保持在规定值,轮胎螺栓应旋紧。

3)料斗钢丝绳如有松散现象,应排列整齐并收紧钢丝绳。

4)用气压装置的搅拌机,作业后应将储气筒及分路盒内积水放出。

5)按润滑部位及周期表进行润滑作业。

6)清洗搅拌机的污水应引入指定地点,并进行处理,不准在机旁或建筑物附近任其自流。尤其冬季,严防搅拌机筒内和地面积水甚至结冰,应有防冻防滑防火措施。

(2)定期保养(周期 500 h)。

1)调整 V 带松紧度。检查并紧固钢板卡子螺栓。

2)料斗提升钢丝绳磨损超过规定时,应予以更换,如尚能使用,应进行除尘润滑。

3)内燃搅拌机的内燃机部分应按内燃机保养有关规定执行。电动搅拌机应消除电器的积尘,并进行必要的调整。

4)按照相应搅拌机说明书规定的润滑部位及周期进行润滑作业。

3. 注意事项

(1)电动机应装设外壳或采用其他保护措施,防止水分和潮气侵入而损坏。电动机必须安装启动开关,速度由慢变快。

(2)开机后,经常注意搅拌机各部件的运转是否正常。停机时,经常检查搅拌机叶片是否打弯,螺钉是否掉落或松动。

(3)当混凝土搅拌完毕或预计停歇 1 h 以上时,除将余料除净外,应用石子和清水倒入拌筒内,开机转动 5～10 min,把粘在料筒上的砂浆冲洗干净后全部卸出。料筒内不得有积水,以免料筒和叶片生锈。同时还应清理搅拌筒外积灰,使机械保持清洁完好。下班后及停机不用时,将电动机保险丝取下。

【技能要点 2】混凝土泵的操作

1. 泵送前的准备工作

(1)操作者及有关设备管理人员应仔细阅读使用说明书,掌握其结构原理、使用和维护以及泵送混凝土的有关知识;使用及操作混凝土泵时,应严格按照使用说明书执行。因操作者能完全掌握机械性能需要有个过程,因此使用说明书应随机备用。同时,应根据使用说明书制订专门的操作要点,达到能有效地控制泵送技术中的一些可变因素,如泵机位置、管道布置等。

(2)支撑混凝土泵的地面应平坦、坚实;整机需水平放置,工作过程中不应倾斜。支腿应能稳定地支撑整机,并可靠地锁住或固定。泵机位置既要便于混凝土搅拌运输车的进出及向料斗进料,又要考虑有利于泵送布管以及减少泵送压力损失,同时要求距离浇筑地点近,供电、供水方便。

(3)应根据施工场地特点及混凝土浇筑方案进行配管,配管设计时要校核管道的水平换算距离是否与混凝土泵的泵送距离相适应。弯管角度一般为 15°、30°、45°和 90°四种,曲率半径分 1 m 和 0.5 m 两种(曲率半径较大的弯管阻力较小)。配管时应尽可能缩短管线长度,少用弯管和软管。输送管的铺设应便于管道清洗、故障排除和拆装维修。当新管和旧管混用时,应将新管布置在泵送压力较大处。配管过程中应绘制布管简图,列出各种管件、管卡、弯管和软管的规格和数量,并提供清单。

(4)需垂直向上配管时,随着高度的增加即势能增加,混凝土存在回流的趋势,因此应在混凝土泵与垂直配管之间敷设一定长度的水平管道,保证有足够的阻力防止混凝土回流。当泵送高层建筑混凝土时,需垂直向上配管,此时其地面水平管长度不宜小于垂直管长度的 1/4。如因场地所限,不能放置上述要求长度的水平管时,可采用弯管或软管代替。

在垂直配管与水平配管相连接的水平配管一侧,宜配置一段软件包管。另外在垂直配管的下端应设置减振支座。垂直向上配管的形式如图1—7所示。

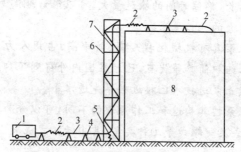

图1—7 垂直向上的管路布置

1—泵车；2—软管；3—水平管；4—支架；5—减振支座；6—管架；7—垂直管；8—建筑物

（5）在混凝土泵送过程中，随着泵送压力的增大，泵送冲击力将迫使管来回移动，这不仅损耗了泵送压力，而且使泵管之间的连接部位处于冲击和间断受拉的状态，可导致管卡及胶圈过早受损、水泥浆溢出，因此必须对泵加以固定。

（6）混凝土泵与输送管连通后，应按混凝土泵使用说明书的规定进行全面检查，符合要求后方能开机进行空运转。空载运行10 min后，再检查一下各机构或系统是否工作正常。

（7）混凝土的可泵性。

泵送混凝土应满足可泵性要求，必要时应通过试泵送确定泵送混凝土的配合比。

混凝土泵的简介

1.混凝土泵的类型及特点

混凝土泵是通过管道依靠压力输送混凝土的施工设备，它能一次连续地完成水平输送和垂直输送，是现有混凝土输送设备中比较理想的一种。

预拌混凝土生产与泵送施工相结合，利用混凝土搅拌运输车进行中间运送，可实现混凝土的连续泵送和浇筑。这对于一些工地狭窄和有障碍物的施工现场，用其他输送设备难以直接靠近的施工工程,混凝土泵则更能有效地发挥作用。而且泵送施工输送距离长,单位时间的输送量大,可以很好地满足高层建筑和混凝土量大的施工要求。

混凝土泵具有机械化程度高、效率高、占用人力少、劳动强度低和施工组织简单等优点,已经在国内外得到了广泛的应用。我国的混凝土泵送技术已接近世界先进水平。

混凝土泵按其构造和工作原理的不同,可以分为活塞式、挤压式、隔膜式及气罐式等几种类型,其中活塞式混凝土泵得到了最广泛的应用。

2. 混凝土泵的工作原理

液压活塞式混凝土泵主要由料斗、混凝土缸、分配阀、液压控制系统和输送管等组成。通过液压控制系统使分配阀交替启闭。液压缸与混凝土缸连接,通过液压缸活塞杆的往复运动以及分配阀的协同动作,使两个混凝土缸轮流交替完成吸入与排出混凝土的工作过程。目前国内外均普遍采用液压活塞式混凝土泵。

3. 混凝土泵的组成与功用

混凝土泵发展到今天,因电机功率、输送效率等性能的不同,生产厂家对其详细分类已多达数百种,但其工作性质与原理基本相似。以下以中联重工的 HBT60 型混凝土泵为例,介绍其结构特点与泵送原理。

(1)结构组成。

混凝土泵的结构组成如图 1—8 所示。

(2)泵送系统。

1)如图 1—9 所示,混凝土活塞 7、8 分别与主液压缸 1、2 的活塞杆连接。在主液压缸液压油作用下,作往复运动,一缸前进,则另一缸后退;混凝土缸出口与料斗连通,分配阀一端接出料口,另一端能过花键轴与摆臂连接,在摆动油缸作用下,可以左右摆动。

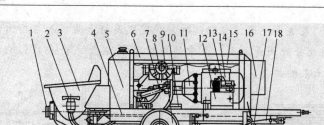

图 1—8 HBT60 型混凝土泵

1—分配机构;2—搅拌机构;3—料斗;4—机构;5—液压油箱;6—机罩;7—液压系统;
8—冷却系统;9—拖运桥;10—润滑系统;11—动力系统;12—工具箱;13—清洗系统;
14—电机;15—电气系统;16—软启动箱;17—支地轮;18—泵送系统

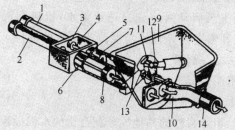

图 1—9 泵送系统

1、2—主液压缸;3—水箱;4—换向装置;5、6—混凝土缸;7、8—活塞;
9—料斗;10—分配阀;11—摆臂;12、13—摆动液压缸;14—出料口

2)泵送混凝土料时,在主液压缸作用下,混凝土活塞 7 前进,混凝土活塞 8 后退,同时在摆动液压缸作用下,分配阀 10 与混凝土缸 5 连通,混凝土缸 6 与料斗连通。这样混凝土活塞 8 后退,便将料斗内的混凝土吸入混凝土缸,混凝土活塞 7 前进,将混凝土缸内混凝土料送入分配阀泵出。

3)当混凝土活塞 8 后退至行程终端时,触发水箱 3 中的换向装置 4,主液压缸 1、2 换向,同时摆动液压缸 12、13 换向,使分配阀 10 与混凝土缸 6 连通,混凝土缸 5 与料斗连通,这时活塞 7 后退,活塞 8 前进。反复循环,从而实现连续泵送。

4)反泵时,通过反泵操作,使处在吸入行程的混凝土缸与分配阀连通,处在推送行程的混凝土缸与料斗连通,从而将管道中的混凝土抽回料斗,如图 1—10 所示。

5)泵送系统通过分配阀的转换完成混凝土的吸入与排出动作,因此分配阀是混凝土泵中的关键部件,其形式会直接影响到混凝土泵的性能。

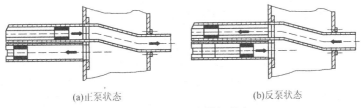

(a)正泵状态　　　　　　　　　　(b)反泵状态

图 1—10　混凝土推行状态

2. 泵送施工操作要点

(1)混凝土泵启动后应先泵送适量水,以湿润混凝土泵的料斗、混凝土缸和输送管等直接与混凝土接触的部位。泵送水后再采用下列方法之一润滑上述部位。

1)泵送水泥浆。

2)泵送 1:2 的水泥砂浆。

3)泵送除粗骨料外的其他成分配合比的水泥砂浆。润滑用的水泥浆或水泥砂浆应分散布料,不得集中浇筑在同一地方。

(2)开始泵送时,混凝土泵应处于慢速、匀速运行的状态,然后逐渐加速。应同时观察混凝土泵的压力和各系统的工作情况,待各系统工作正常后方可以正常速度泵送。

(3)混凝土泵送工作尽可能连续进行,混凝土缸的活塞应保持以最大行程运行,以便发挥混凝土泵的最大效能,并可使混凝土缸在长度方向上磨损均匀。

(4)混凝土泵若出现压力过高且不稳定、油温升高、输送管明显振动或泵送困难等现象时,不得强行泵送,应立即查明原因予以排除。可先用木槌敲击输送管的弯管、锥形管等部位,并进行慢速泵送或反泵,以防止堵塞。

(5)当出现堵塞时,应采取下列方法排除。

若堵塞不严重,进行反泵和正泵交替运行,逐步将混凝土吸出返回至料斗中,经搅拌后再重新泵送;若堵塞严重应首先用木槌敲击等方法查明堵塞部位,待混凝土击松后进行反泵和正泵交替运行,以排除堵塞。当上述两种方法均无效时,应在混凝土卸压后拆开堵塞部位,待排出堵塞物后重新泵送。

(6)泵送混凝土宜采用预拌混凝土,也可在现场设搅拌站供应泵送混凝土,但不得泵送手工搅拌的混凝土。对供应的混凝土应予以严格的控制,随时注意坍落度的变化,对不符合泵送要求的混凝土不允许入泵,以确保混凝土泵有效地工作。

(7)混凝土泵料斗上应设置筛网,并设专人监视进料,避免因直径过大的骨料或异物进入而造成堵塞。

(8)泵送时,料斗内的混凝土存量不能低于搅拌轴位置,以避免空气进入泵管引起管道振动。

(9)当混凝土泵送过程需要中断时,其中断时间不宜超过 1 h。并应每隔 5～10 min 进行反泵和正泵运转,防止管道中因混凝土泌水或坍落度损失过大而堵管。

(10)泵送完毕后,必须认真清洗料斗及输送管道系统。混凝土缸内的残留混凝土若清除不干净,将在缸壁上固化,当活塞再次运行时,活塞密封面将直接承受缸壁上已固化的混凝土对其的冲击,导致推送活塞局部剥落。这种损坏不同于活塞密封的正常磨损,密封面无法在压力的作用下自我补偿:从而导致漏浆或吸空,引起泵送无力、堵塞等现象。

(11)当混凝土可泵性差或混凝土出现泌水、离析而难以泵送时,应立即对配合比、混凝土泵、配管及泵送工艺等进行检查,并采取相应措施解决。泵送高度和混凝土坍落度的关系见表1—1。

表1—1　泵送高度和混凝土坍落度关系

泵送高度(m)	30 以下	30～60	60～100	100 以上
坍落度(mm)	100～140	140～160	160～180	180～200

3. 季节性施工

(1)在炎热季节施工时,宜用湿草袋、湿罩布等物覆盖混凝土输送管,以避免阳光直接照射,可防止混凝土因坍落度损失过快而造成堵管。

(2)在严寒地区的冬季进行混凝土泵送施工时,应采取适当的保温措施,宜用保温材料包裹混凝土输送管,防止管内混凝土受冻。

4.混凝土泵的安全操作要点

(1)料斗上的方格网在作业过程中不得随意移去。

(2)保证泵机各部分润滑良好。

(3)水箱无水时不得开机运转。

(4)寒冷冬季采取防冻措施。

(5)泵机运转时,严禁把手伸入料斗或用手抓握分配阀。若要在料斗或分配阀上工作时,应先关闭电动机和消除蓄能器压力。

(6)炎热季节要防止油温过高,如达到70℃时,应停止运行。寒冷季节要采取防冻措施。

(7)输送管路要固定、垫实。严禁将输送软管弯曲,以免爆炸。

(8)不得随意调整液压系统压力。

(9)气洗管路时,应将末节管子和其他管路中的弯管用索具固定,现场人员不得靠近出料管口及管路急弯处。压缩空气压力不得高于0.7 MPa,进气阀不宜立即开大,应先一开一关反复试气,只有当混凝土顺利排出时,才能把气阀开到最大。若发现管端不排料,应关闭进气阀,再缓缓打开排气阀,然后设法分段清洗。当清洗海绵球即将喷出管口瞬间,应发出信号警告现场人员。

(10)作业完毕后要释放蓄能器的压力。

【技能要点3】混凝土振动器的操作

混凝土振动器的使用方法,见表1—2。

表1—2　混凝土振动器的方法

项目	操作要点
混凝土内部振动器	(1)插入式振动器在使用前应检查各部件是否完好,各连接处是否紧固,电动机绝缘是否良好,电源电压和频率是否符合铭牌规定,检查合格后,方可接通电源、进行试运转。 (2)振动器的电动机旋转时,若软轴不转,振动棒不启振,系电动机旋转方向不对,可调换任意两相电源线即可;若软轴转动,振动棒不启振,可摇晃棒头或将棒头轻磕地面,即可启振。当试运转正常后,方可投入作业。

项目	操作要点
混凝土内部振动器	（3）作业时，要使振动棒自然沉入混凝土，不可用力猛往下推。一般应垂直插入，并插到下层尚未初凝层中 50～100 mm，以促使上下层相互结合。 （4）振动时，要做到"快插慢拔"。快插是为了防止将表层混凝土先振实，与下层混凝土发生分层、离析现象。慢拔是为了使混凝土能来得及填满振动棒抽出时所形成的空间。 （5）振动棒各插点间距应均匀，一般间距不应超过振动棒有效作用半径的 1.5 倍。 （6）振动棒在混凝土内振密的时间，一般每插点振密 20～30 s，见到混凝土不再明显下沉，不再出现气泡，表面泛出水泥浆和外观均匀为止。如振密时间过长，有效作用半径虽然能适当增加，但总的生产率反而降低，而且还可能使振动棒附近混凝土产生离析，这对塑性混凝土更为重要。此外，振动棒下部振幅要比上部大，故在振密时，应将振动棒上下抽动 5～10 cm，使混凝土振密均匀。 （7）作业中要避免将振动棒触及钢筋、芯管及预埋件等，更不得采取通过振动棒振动钢筋的方法来促使混凝土振密。否则就会因振动而使钢筋位置变动，还会降低钢筋与混凝土之间的黏结力，甚至会发生相互脱离，这对预应力钢筋影响更大。 （8）作业时，振动棒插入混凝土的深度不应超过棒长的 2/3～3/4。否则振动棒将不易拔出而导致软管损坏；更不得将软管插入混凝土中，以防砂浆被浸蚀及渗入软管而损坏机件。 （9）振动器在使用中如温度过高，应即停机冷却检查，如机件故障，要及时进行修理。冬季低温下，振动器作业前，要采取缓慢加温，使棒体内的润滑油解冻后，方能作业
混凝土表面振动器	（1）使用时，应将混凝土浇灌区划分若干排。依次成排平拉慢移，顺序前进，移动间距应使振动器的平板能覆盖已振捣完混凝土的边缘 500 mm 左右，防止漏振。 （2）振捣倾斜混凝土表面时，应由低处逐渐向高处移动，保证混凝土振实。 （3）平板振动器在每一位置上振捣持续时间，以混凝土停止下沉并往上泛浆，或表面平整并均匀出现浆液为度，一般在 25～40 s 范围内为宜。

续上表

项目	操作要点
混凝土表面振动器	（4）平板振动器的有效作用深度，在无筋及单层配筋平板中约为200 mm，在双层配筋平板中约为120 mm。 （5）大面积混凝土楼面，可将1～2台振动器安在两条木杠上，通过木杠的振动使混凝土密实
振动台	（1）振动台是一种强力振动成型设备，应安装在牢固的基础上，地脚螺栓应有足够强度并拧紧。同时在基础中间必须留有地下坑道，以便调整和维修。 （2）使用前要进行检查和试运转，检查机件是否完好，所有紧固件特别是轴承座螺栓、偏心块螺栓、电动机和齿轮箱螺栓等必须紧固牢靠。 （3）振动台不宜长时间空载运转。作业中必须安置牢固可靠的模板并锁紧夹具，以保证模板及混凝土和台面一起振动。 （4）齿轮因承受高速重负荷，故需要有良好的润滑和冷却。齿轮箱内油面应保持在规定的水平面上，工作时温升不得超过70℃。 （5）应经常检查各类轴承并定期拆洗更换润滑油。作业中要注意检查轴承温升，发现过热应停机检修。 （6）电动机接地应良好可靠，电源线与线接头应绝缘良好，不得有破损漏电现象。 （7）振动台台面应经常保持清洁平整，使其与模板接触良好。由于台面在高频重载下振动，容易产生裂纹，必须注意检查，及时修补

混凝土振动器简介

1. 混凝土振动器的作用及分类

（1）混凝土振动器的作用。

用混凝土搅拌机拌和好的混凝土浇筑构件时，必须排除其中气泡，进行捣固，使混凝土密实结合，消除混凝土的蜂窝麻面等现象，以提高其强度，保证混凝土构件的质量。混凝土振动器就是一种借助动力通过一定装置作为振源产生频繁的振动，并使这种振动传给混凝土，以振动捣实混凝土的设备。

（2）混凝土振动器的分类。

混凝土振动器的种类繁多。按传递振动的方式分为内部振动器、外部振动器和表面振动器三种；按振动器的动力来源分为电动式、内燃式和风动式三种，以电动式应用最广；按振动器的振动频率分为低频式、中频式和高频式三种；按振动器产生振动的原理分为偏心式和行星式两种。

2.混凝土振动器

（1）混凝土内部振动器。

1）适用范围。混凝土内部振动器适用于各种混凝土施工，对于塑性、平塑性、干硬性、半干硬性以及有钢筋或无钢筋的混凝土捣实均能适用。

2）分类。混凝土内部振动器主要用于梁、柱、钢筋加密区的混凝土振动设备，常用的内部振动器为电动软轴插入式振动器。

（2）混凝土表面振动器。

混凝土表面振动器有多种，其中最常用的是平板式表面振动器。平板式表面振动器是将它直接放在混凝土表面上，振动器产生的振动波通过与之固定的振动底板传给混凝土。由于振动波是从混凝土表面传入，故称表面振动器。工作时由两人握住振动器的手柄，根据工作需要进行拖移。它适用于大面积、厚度小的混凝土，如混凝土预制构件板、路面、桥面等。

（3）振动台。

1）混凝土振动台通常用来振动混凝土预制构件。装在模板内的预制品置放在与振动器连接的台面上，振动器产生的振动波通过台面与模板传给混凝土预制品。

2）振动台是由上部框架、下部框架、支承弹簧、电动机、齿轮箱、振动子等组成。上部框架为振动台台面，它通过螺旋弹簧支承在下部框架上；电动机通过齿轮箱将动力等速反向地传给固定在台面下的两行对称偏心振动子，其振动力的水平分力任何时候都相平衡，而垂直分力则相叠加，因而只产生上下方向的定向振动，有效地将模板内的混凝土振动成型。

3）混凝土外部振动器适用于大批生产空心板，壁板及厚度不大的梁柱构件等成型设备。

第二节　钢筋机械

【技能要点1】钢筋调直剪切机的操作

1. 调直块的调整

(1)调直筒内有五个与被调钢筋相适应的调直块,一般调整第三个调直块,使其偏移中心线3 mm,如图1—11(a)所示。若试调钢筋仍有慢弯,可加大偏移量,钢筋拉伤严重,可减小偏移量。

(2)对于冷拉的钢料,特别是弹性高的,建议调直块1、5在中心线上,3向一方偏移,2、4向3的反方向偏移,如图1—11(b)所示。偏移量由试验确定,达到调出钢筋满意为止,长期使用调直块会磨损,调直块的偏移量相应增大,磨损严重时需更换。

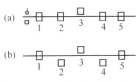

图1—11　调直块调整示意图

2. 压辊的调整与使用

(1)本机有两对压辊可供调不同直径钢筋时使用,对于四槽压辊,如用外边的槽,将压辊垫圈放在外边;如用里边的槽,要将压辊垫圈装在压辊的背面或将压辊翻转。入料前将手柄4转向虚线位置,此时抬起上压辊,把被调料前端引入压辊间,而后手柄转回4,再根据被调钢筋直径的大小;旋紧或放松手轮6来改变两辊之间的压紧力,如图1—12所示。

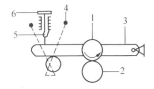

图1—12　压辊调整机结构图

1—上压辊;2—下压辊;3—框架;4—手柄;5—压簧;6—手轮

(2)一般要求两轮之间的夹紧力要能保证钢筋顺利地被牵引,

看不见料有明显的转动,而在切断的瞬间,钢筋在压辊之间有明显的打滑现象为宜。

3. 上下切刀间隙调整

上下切刀间隙调整是在方刀台没装入机器前进行的(如图1—13所示)。上切刀 3 安装在刀架 2 上,下切刀装在机体上,刀架又在锤头的作用下可上下运动,与固定的下切刀对钢筋实现切断,旋转下切刀可调整两刀间隙,一般是保证两刀口靠得很近,而上切刀运动时又没有阻力,调好后要旋紧下切刀的锁紧螺母。

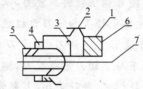

图 1—13　方刀台总成示意图

1—方刀台;2—刀架;3—上切刀;4—锁母;5—下切刀;6—拉杆;7—钢筋

4. 承料架的调整和使用

(1)根据钢筋直径确定料槽宽度,若钢筋直径大时,将螺钉松开,移动下角板向左,料槽宽度加大,反之则小,一般料槽宽度比钢筋直径大 15%～20%。

(2)支承柱旋入上角板后,用被调钢筋插入料槽,沿着料槽纵向滑动,要能感到阻力,钢筋又能通过,试调中钢筋能从料槽中由左向右连续挤出为宜,否则重调,然后将螺母锁紧。

(3)定尺板位置按所需钢筋长度而定,如果支承柱或拉杆托块防碍定尺板的安装,可暂时取下。

(4)定尺切断时拉杆上的弹簧要施加预压力,以保证方刀能可靠弹回为准,对粗料同时用三个弹簧,对细料用其中一个或两个,预压力不足能引起连切,预压力过大可能出现在切断时被顶弯,或者压辊过度拉伤钢筋。

(5)每盘料开头一段经常不直,进入料槽,容易卡住,所以应用手动机构切断,并从料槽中取出。每盘料末尾一段要高度注意,最好缓慢送入调直筒,以防折断伤人。

钢筋调直剪切机简介

（1）盘料架系承载被调直的盘圆钢筋的装置，当钢筋的一端进入主机调直时，盘料架随之转动，机停转动停。

（2）调直机构由调直筒和调直块组成，调直块固定在调直筒上，调直筒转动带动调直块一起转动，它们之间相对位置可以调整，借助于相对位置的调整来完成钢筋调直。

（3）钢筋牵引由一对带有沟槽的压辊组成，在扳动手柄时，两压辊可分可离，手轮可调压辊的压紧力，以适应不同直径的钢筋。钢筋切断机构主要由锤头和方刀台组成，锤头上下运动，方刀台水平运动，内部装有上下切刀，当方刀台移动至锤头下面时，上切刀被锤头砸下与下切刀形成剪刀，钢筋被切断。

（4）承料架由三段组成，每段 2 m，上部装有拉杆定尺机构，保证被切钢筋定尺，下部可承接被切钢筋。

（5）电机及控制系统电路全部安装在机座内，通过转换开关，控制电机正反转，使钢筋前进或倒退。

（6）由电动机通过皮带传动增速，使调直筒高速旋转，穿过调直筒的钢筋被调直，并由调直模清除钢筋表面的锈皮；由电动机通过另一对减速皮带传动和齿轮减速箱，一方面驱动两个传送压辊，牵引钢筋向前运动，另一方面带动曲柄轮，使锤头上下运动。

（7）当钢筋调直到预定长度，锤头锤击上刀架，将钢筋切断，切断的钢筋落入承料架时，由于弹簧作用，刀台又回到原位，完成一个循环。

5. 钢筋调直剪切机的保养与维修

（1）保证传动箱内有足够的润滑油，定期更换。

（2）调直筒两端用干油润滑，定期加油。锤头滑块部位每班加油一次，方刀台导轨面要每班加油一次。

（3）盘料架上部孔定期加干油，承料架托块每班要加润滑油。

（4）定期检查锤头和切刀状态，如有损坏及时更换。

(5)不要打开皮带罩和调直筒罩开车,以防发生危险。

(6)机器电气部分要装有接地线。

(7)调直剪切机在使用过程中若出现故障一般由专业人员进行检修处理,在本书中只作一般介绍,见表1—3。

表1—3　钢筋调直剪切机故障产生原因及排除方法

故障	产生原因	排除方法
方刀台被顶出导轨	牵引力过大 料在料槽中运动阻力过大	减小压辊压力 调整支承柱旋入量,调整偏移量,提高调直质量,加大拉杆弹簧预压外力
连切现象	拉杆弹簧预紧力小 压辊力过大 料槽阻力大	加大预紧力 排除方法同方刀台被顶出导轨
调前未定尺寸从料槽落下	支承柱旋入短	调整支承柱
钢筋不直	调直块偏移量小	加大偏移量
钢筋表面拉伤	压辊压力过大 调直块偏移量过大 调直块损坏	减小压力 减小偏移量 更换调直块
弯丝	见说明书	调正调直块角度,看调直器与压滚槽、切断总成是否在一条直线上
出现断丝	见说明书	调直块角度过大,切断总成上压簧变软,刀退不回,送丝滚上的压簧过松,材质不好
跑丝	见说明书	压滚压簧过紧,滑道拔簧过松,滑道下边拖丝钢压不到位,滑道不滑动
出现短节	见说明书	滑道与主机拉簧过松,调整拉簧
机器出现振动	见说明书	调整调直块的平衡度

【技能要点2】钢筋切断机的操作

(1)接送料的工作台面应和切刀下部保持水平,工作台的长度可根据加工材料长度决定。

(2)启动前,必须检查切刀有无裂纹,确定刀架螺栓紧固,防护罩牢靠。然后用于转动皮带轮,检查齿轮啮合间隙,调整切刀间隙。

（3）启动后,先空运转,检查各传动部分及轴承运转正常后,方可作业。

（4）机械未达到正常转速时,不可切料。切料时,必须使用切刀的中、下部位,紧握钢筋,对准刃口迅速投入。应在固定刀片一侧握紧并压住钢筋,以防钢筋末端弹出伤人。严禁用两手在刀片两边握住钢筋俯身送料。

（5）不得剪切直径及强度超过机械铭牌规定的钢筋和烧红的钢筋。一次切断多根钢筋时,其总截面积应在规定范围内。

（6）剪切低合金钢时,应更换高硬度切刀,剪切直径应符合铭牌规定。

（7）切断短料时,手和切刀之间的距离应保持在 150 mm 以上,如手握端小于 400 mm 时,应采用套管或夹具将钢筋短头压住或夹牢。

（8）运转中,严禁直接清除切刀附近的断头和杂物,钢筋摆动周围和切刀周围不得停留非操作人员。

（9）发现机械运转不正常、有异常或切刀歪斜等情况,应立即停机检修。

（10）作业后,切断电源,用钢刷清除切刀间的杂物,进行整机清洁润滑。

（11）钢筋切断机的故障及排除。

钢筋切断机常见故障及排除方法见表1—4。

表1—4　钢筋切断机常见故障及排除方法

故障	原因	排除方法
剪切不顺利	刀片安装不牢固,刀口损伤	紧固刀片或修磨刀口
	刀片侧间隙过大	调整间隙
切刀或衬刀打坏	一次切断钢筋太多	减少钢筋数量
	刀片松动	调整垫铁,拧紧刀片螺栓
	刀片质量不好	更换
切细钢筋时切口不直	切刀过钝	更换或修磨
	上、下刀片间隙太大	调整间隙

续上表

故障	原因	排除方法
轴承及连杆瓦发热	润滑不良,油路不通	加油
	轴承不清洁	清洗
连杆发出撞击声	铜瓦磨损,间隙过大	研磨或更换轴瓦
	连接螺栓松动	紧固螺栓

钢筋切断机简介

（1）钢筋切断机是用来把钢筋原材料或已调直的钢筋切断，其主要类型有机械式、液压式和手持式。机械式钢筋切断机有偏心轴立式、凸轮式和曲柄连杆式等形式。常见的为曲柄连杆式钢筋切断机。

（2）曲柄连杆式钢筋切断机又分开式、半开式及封闭式三种，它主要由电动机、曲柄连杆机构、偏心轴、传动齿轮、减速齿轮及切断刀等组成。曲柄连杆式钢筋切断机由电动机驱动三角皮带轮,通过减速齿轮系统带动偏心轴旋转。偏心轴上的连杆带动滑块和活动刀片在机座的滑道中作往复运动,配合机座上的固定刀片切断钢筋。

【技能要点3】钢筋弯曲机的操作

1.操作要点

（1）操作前,应对机械传动部分、各工作机构、电动机接地以及各润滑部位进行全面检查,进行试运转,确认正常后,方可开机作业。

（2）钢筋弯曲机应设专人负责,非工作人员不得随意操作;严禁在机械运转过程中更换心轴、成形轴、挡铁轴;加注润滑油、保养工作必须在停机后方可进行。

（3）挡铁轴的直径和强度不能小于被弯钢筋的直径和强度;未经调直的钢筋,禁止在钢筋弯曲机上弯曲;作业时,应注意放入钢筋的位置、长度和回转方向,以免发生事故。

(4)倒顺开关的接线应正确,使用符合要求,必须按指示牌上"正转—停—反转"转动,不得直接由"正转—反转"而不在"停"位停留,更不允许频繁交换工作盘的旋转方向。

(5)工作完毕,要先将开关扳到"停"位,切断电源,然后整理机具,钢筋堆码应在指定地点,清扫铁锈等污物。

2. 钢筋弯曲机的维护及故障排除

(1)维护要点。

1)按规定部位和周期进行润滑减速器的润滑,冬季用 HE－20 号齿轮油,夏季用 HL－30 号齿轮油。传动轴轴承、立轴上部轴承及滚轴轴承冬季用 ZG－1 号润滑脂润滑,夏季用 ZG－2 号润滑脂润滑。

2)连续使用三个月后,减速箱内的润滑油应及时更换。

3)长期停用时,应在工作表面涂装防锈油脂,并存放在室内干燥通风处。

(2)故障排除。

钢筋弯曲机常见故障及排除方法见表1—5。

表1—5　钢筋弯曲机常见故障及排除方法

故障现象	故障原因	排除方法
弯曲的钢筋角度不合适	运用中心轴和挡铁轴不合理	按规定选用中心轴和挡铁轴
弯曲大直径钢筋时无力	传动带松弛	调整带的紧度
弯曲多根钢筋时,最上面的钢筋在机器开动后跳出	钢筋没有把住	将钢筋用力把住并保持一致
立轴上部与轴套配合处发热	润滑油路不畅,有杂物阻塞,不过油	清除杂物
	轴套磨损	更换轴套
传动齿轮噪声大	齿轮磨损	更换磨损齿轮
	弯曲的直径大,转速太快	按规定调整转速

钢筋弯曲机简介

1. 涡轮式钢筋弯曲机

(1)如图1—14所示为GW—40型蜗轮式钢筋弯曲机的结构,主要由电动机11、蜗轮箱6、工作圆盘9、孔眼条板12和机架1等组成。

(2)如图1—15所示为GW—40型钢筋弯曲机的传动系统。

(3)电动机1经V带2、齿轮6和7、齿轮8和9、蜗杆3和蜗轮4传动,带动装在蜗轮轴上的工作盘5转动。工作盘上一般有9个轴孔,中心孔用来插心轴,周围的8个孔用来插成形轴。当工作盘转动时,心轴的位置不变,而成形轴围绕着心轴作圆弧运动,通过调整成形轴位置,即可将被加工的钢筋弯曲成所需要的形状。更换相应的齿轮,可使工作盘获得不同转速。

(4)钢筋弯曲机的工作过程如图1—16所示。将钢筋5放在工作盘4上的心轴1和成型轴2之间,开动弯曲机使工作盘转动,由于钢筋一端被挡铁轴3挡住,因而钢筋被成型轴推压,绕心轴进行弯曲,当达到所要求的角度时,自动或手动使工作盘停止,然后使工作盘反转复位。如要改变钢筋弯曲的曲率,可以更换不同直径的心轴。

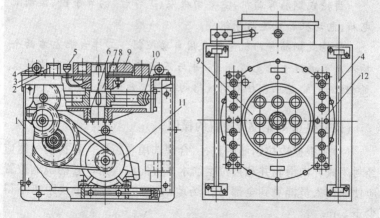

图1—14 GW—40型蜗轮式钢筋弯曲机

1—机架;2—工作台;3—插座;4—滚轴;5—油杯;6—蜗轮箱;7—工作主轴;
8—立轴承;9—工作圆盘;10—蜗轮;11—电动机;12—孔眼条板

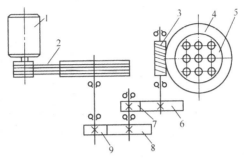

图1—15 传动系统

1—电动机；2—V带；3—蜗杆；4—蜗轮；5—工作盘；6、7—配换齿轮；8、9—齿轮

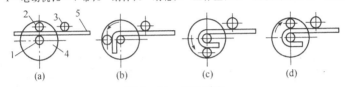

图1—16 工作过程

1—心轴；2—成型轴；3—挡铁轴；4—工作盘；5—钢筋

2. 齿轮式钢筋弯曲机

齿轮式钢筋弯曲机，主要由机架、工作台、调节手轮、控制配电箱、电动机和减速器等组成。

齿轮式钢筋弯曲机全部采用自动控制。工作台上左右两个插入座可通过手轮无级调节，并与不同直径的成形轴及挡料装置相配合，能适应各种不同规格的钢筋弯曲成形。

【技能要点4】钢筋冷拉机的操作

(1)应根据冷拉钢筋的直径，合理选用卷扬机。卷扬钢丝绳应经封闭式导向滑轮并和被拉钢筋水平方向成直角。卷扬机的位置应使操作人员能见到全部冷拉场地，卷扬机与冷拉中线距离不得少于5 m。

(2)冷拉场地应在两端地锚外侧设置警戒区，并应安装防护栏及警告标志。无关人员不得在此停留。操作人员在作业时，必须离开钢筋2 m以外。

钢丝绳简介

结构吊装中常用的钢丝绳是由六束绳股和一根绳芯(一般为麻芯)捻成,绳股是由许多高强钢丝捻成(如图1—17所示)。

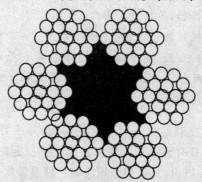

图1—17　普通钢丝绳截面

钢丝绳按其捻制方法分有右交互捻、左交互捻、右同向捻、左同向捻四种(如图1—18所示)。

同向捻钢丝绳中钢丝捻的方向和绳股捻的方向一致;交互捻钢丝绳中钢丝捻的方向和绳股捻的方向相反。

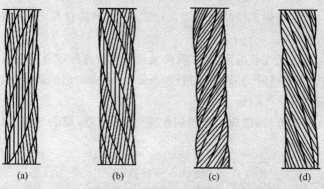

(a)　　　　　(b)　　　　　(c)　　　　　(d)

图1—18　钢丝绳捻制方法

(a)右交互捻(股向右捻,丝向左捻);(b)左交互捻(股向左捻,丝向右捻);

(c)右同向捻(股和丝均向右捻);(d)左同向捻(股和丝均向左捻)

同向捻钢丝绳比较柔软、表面较平整,与滑轮或卷筒凹槽的接触面较大,磨损较轻,但容易松散或产生扭结卷曲,吊重时容易旋转,故吊装中一般不用;交互捻钢丝绳较硬,强度较高,吊重时不易扭结和旋转,吊装中应用广泛。

钢丝绳按绳股数及每股中的钢丝数区分:有6股7丝、7股7丝、6股19丝、6股37丝及6股61丝等。吊装中常用的有6×19、6×37两种,6×19钢丝绳可作缆风和吊索;6×37钢丝绳用于穿滑车组和作吊索。

(3)用配重控制的设备应与滑轮匹配,并应有指示起落的记号,没有指示记号时应有专人指挥。配重框提起时高度应限制在离地面300 mm以内,配重架四周应有栏杆及警告标志。

(4)作业前,应检查冷拉夹具,夹齿应完好,滑轮、拖拉小车应润滑灵活,拉钩、地锚及防护装置均应齐全牢固。确认良好后,方可作业。

(5)卷扬机操作人员必须看到指挥人员发出信号,并待所有人员离开危险区后方可作业。冷拉应缓慢、均匀。当有停车信号或见到有人进入危险区时,应立即停拉,并稍稍放松卷扬钢丝绳。

(6)用延伸率控制的装置,应装设明显的限位标志,并应有专人负责指挥。

(7)夜间作业的照明设施,应装设在张拉危险区外。当需要装设在场地上空时,其高度应超过3 m。灯泡应加防护罩,导线严禁采用裸线。

(8)作业后,应放松卷扬钢丝绳,落下配重,切断电源,锁好开关箱。

钢筋冷拉机简介

卷扬机式钢筋冷拉工艺是目前普遍采用的冷拉工艺。它具有适应性强,可按要求调节冷拉率和冷拉控制应力;冷拉行程大,不受设备限制,可冷拉不同长度和直径的钢筋;设备简单、效率高、成本低。

卷扬机式钢筋冷拉机构造(如图1—19所示),它主要由卷扬机、滑轮组、地锚、导向滑轮、夹具和测力装置等组成。

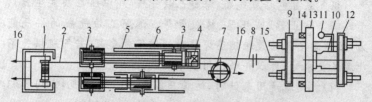

图1—19 卷扬机式钢筋冷拉机

1—卷扬机;2—传动钢丝强;3—滑轮组;4—夹具;5—轨道;6—标尺;
7—导向轮;8—钢筋;9—活动前横梁;10—千斤顶;11—油压表;
12—活动后横梁;13—固定横梁;14—台座;15—夹具;16—地锚

工作时,由于卷筒上传动钢丝绳是正、反穿绕在两副动滑轮组上,因此当卷扬机旋转时,夹持钢筋的一副动滑轮组被拉向卷扬机,使钢筋被拉伸;而另一副动滑轮组则被拉向导向滑轮,下次冷拉时交替使用。钢筋所受的拉力经传力杆、活动横梁传送给测力装置,从而测出拉力的大小。对于拉伸长度,可通过标尺直接测量或用行程开关来控制。

【技能要点5】钢筋气压焊接工艺

钢筋气压焊,是采用一定比例的氧乙炔焰为热源,对需要接头的两钢筋端部接缝处进行加热烘烤,使其达到热塑状态,同时对钢筋施加30～40 MPa的轴向压力,使钢筋顶锻在一起。

钢筋气压焊分敞开式和闭式两种。前者是将两根钢筋端面稍加离开,加热到熔化温度,加压完成的一种办法,属熔化压力焊;后者是将两根钢筋端面紧密闭合,加热到1 200 ℃～1 250 ℃,加压完成的一种方法,属固态压力焊。目前常用的方法为闭式气压焊,其原理是在还原性气体的保护下,加热钢筋,使其发生塑性流变后相互紧密接触,促使端面金属晶体相互扩散渗透,再结晶、排列,进而形成牢固的对焊接头。

钢筋气压焊接设备

1. 供气装置

供气装置包括氧气瓶、溶解乙炔气瓶（或中压乙炔发生器）、干式回火防止器、减压器、橡胶管等。溶解乙炔气瓶的供气能力，必须满足现场最粗钢筋焊接时的供气量要求，若气瓶供气不能满足要求时，可以并联使用多个气瓶。

（1）氧气瓶是用来储存、运输压缩氧（O_2）的钢瓶，常用容积为 40 L，储存氧气 6 m^3，瓶内公称压力为 14.7 MPa。

（2）乙炔气瓶是储存、运输溶解乙炔（C_2H_2）的特殊钢瓶，在瓶内填满浸渍丙酮的多孔性物质，其作用是防止气体爆炸及加速乙炔溶解于丙酮的过程。瓶的容积 40 L，储存乙炔气为 6 m^3，瓶内公称压力为 1.52 MPa。乙炔钢瓶必须垂直放置，当瓶内压力减低到 0.2 MPa 时，应停止使用。氧气瓶和溶解乙炔气瓶的使用，应遵照《气瓶安全监察规程》的有关规定执行。

（3）减压器是用于将气体从高压降至低压，设有显示气体压力大小的装置，并有稳压作用。减压器按工作原理分正作用和反作用两种，常用的有如下两种单级反作用减压器，QD-2A 型单级氧气减压器，高压额定压力为 15 MPa，低压调节范围为 0.1～1.0 MPa；QD-20 型单级乙炔减压器，高压额定压力为 1.6 MPa，低压调节范围为 0.01～0.15 MPa。

（4）回火防止器是装在燃料气体系统防止火焰向燃气管路或气源回烧的保险装置，分水封式和干式两种。其中水封式回火防止器常与乙炔发生器组装成一体，使用时一定要检查水位。

（5）乙炔发生器是利用电石（主要成分为 CaC_2）中的主要成分碳化钙和水相互作用，以制取乙炔的一种设备。使用乙炔发生器时应注意，每天工作完毕应放出电石渣，并经常清洗。

2. 加热器

加热器由混合气管和多火口烤钳组成，一般称为多嘴环管焊炬。为使钢筋接头处能均匀加热，多火口烤钳设计成环状钳形，如图 1—20 所示，并要求多束火焰燃烧均匀，调整方便。

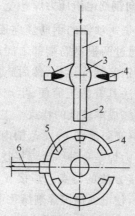

图1—20　多火口烧钳

1—上钢筋;2—下钢筋;3—镦粗区;4—环形加热器;(火钳);
5—火口;6—混气管;7—火焰

3. 加压器

加压器由液压泵、压力表、液压胶管和油缸四部分组成。在钢筋气压焊接作业中,加压器作为压力源,通过连接夹具对钢筋进行顶锻,施加所需要的轴向压力。

液压泵分手动式、脚踏式和电动式三种。

4. 钢筋卡具(或称连接钢筋夹具)

由可动和固定卡子组成,用于卡紧、调整和压接钢筋用。

连接钢筋夹具应对钢筋有足够握力,确保夹紧钢筋,并便于钢筋的安装定位,应能传递对钢筋施加的轴向压力,确保在焊接操作中钢筋不滑移,钢筋头不产生偏心和弯曲,同时不损伤钢筋的表面。

这项工艺不仅适用于竖向钢筋的连接,也适用于各种方向布置的钢筋的连接。适用于 HPB235、HRB335 级钢筋,其直径为 14～40 mm。当不同直径钢筋焊接时,两钢筋直径差不得大于 7 mm。另外,热轧 HRB400 级钢筋中的 20MnSiV、20MnTi 亦适用,但不包括含碳量、含硅量较高的 25MnSi。

【技能要点6】竖向钢筋电渣压力焊

钢筋电渣压力焊是一项新的钢筋竖向连接技术,属于熔化压力焊,它是利用电流通过两根钢筋端部之间产生的电弧热和通过渣池产生的电阻热将钢筋端部熔化,然后施加压力使钢筋焊接为一体的方法。这种方法具有施工简便、生产效率高、节约电能、节约钢材、接头质量可靠、成本较低的特点。主要用于现浇钢筋混凝土结构中竖向或斜向(倾斜度在4∶1范围内)钢筋的连接。

竖向钢筋电渣压力焊是一种综合焊接技术,它具有埋弧焊、电渣焊、压力焊三种焊接方法的特点。焊接开始时,首先在上、下两钢筋端之间引燃电弧,使电弧周围焊剂熔化形成空穴,随后在监视焊接电压的情况下,进行"电弧过程"的延时,利用电弧热量,一方面使电弧周围的焊剂不断熔化,以使渣池形成必要的深度;另一方面使钢筋端面逐渐烧平,为获得优良接头创造条件。接着将上钢筋端部潜入渣池中,电弧熄灭,进行"电渣过程"的延时,利用电阻热使钢筋全断面熔化并形成有利于保证焊接质量的端面形状。最后,在断电的同时迅速进行挤压,排除全部熔渣和熔化金属,形成焊接接头,如图1—21所示。

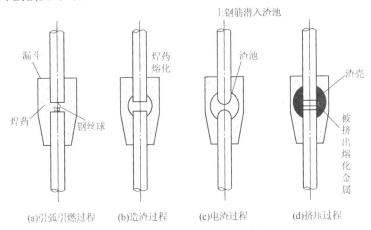

(a)引弧引燃过程　　(b)造渣过程　　(c)电渣过程　　(d)挤压过程

图1—21　电渣压力焊工艺过程

钢筋电渣压力焊接一般适用于 HPB235、HRB335 级直径为

14~40 mm 的钢筋的连接。

竖向钢筋电渣压力焊设备简介

1. 焊机

目前的焊机种类较多,大致分类如下。

(1)按整机组合方式分类。

1)分体式焊机。包括焊接电源(包括电弧焊机)、焊接夹具、控制系统和辅件(焊剂盒、回收工具等几部分)。此外,还有控制电缆、焊接电缆等附件。其特点是便于充分利用现有电弧焊机,节省投资。

2)同体式焊机。将控制系统的电气元件组合在焊接电源内,另配焊接夹具、电缆等。其特点是可以一次投资到位,购入即可使用。

(2)按操作方式分类。

1)手动式焊机。由焊工操作。这种焊机由于装有自动信号装置,又称半自动焊机,如图1—22和图1—23所示。

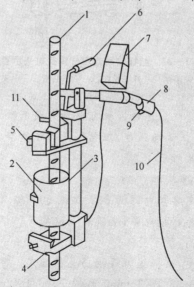

图1—22 杠杆式单信焊接机头示意图

1—钢筋;2—焊剂盒;3—单导柱;4—下夹头;5—上夹头;6—手柄;
7—监控仪表;8—操作手把;9—开关;10—控制电缆;11—插座

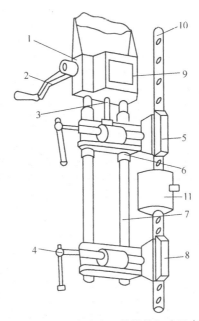

图1—23　丝杠传动式双柱焊接机头示意图

1—齿轮箱;2—手柄;3—升降丝杠;4—夹紧装置;5—上夹头;6—导管;
7—双导柱;8—下夹头;9—操作台;10—钢筋;11—熔剂盒

2)自动式焊机。这种焊机可自动完成电弧、电渣及顶压过程,可以减轻焊工劳动强度,但电气线路较复杂,自动焊机卡具构造如图1—24所示。

2．焊接电源

可采用额定焊接电源为500 A或500 A以上的弧焊电源(电弧焊机)作为焊接电源,交流或直流均可。焊接电源的次级空载电压应较高,便于引弧。

焊机的容量,应根据所焊钢筋直径选定。常用的交流弧焊机有BX3—500—2、BX3—650、BX2—700、BX2—1000等,也可选用JSD—600型或JSD—1000型专用电源;直流弧焊电源,可用ZX5—630型晶闸管弧焊整流器或硅弧焊整流器。

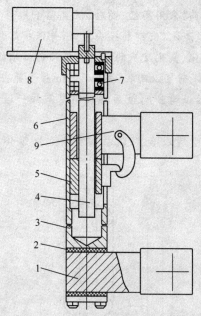

图1—24　自动焊机卡具构造示意图

1—下卡头；2—绝缘层；3—支柱；4—丝杠；5—传动螺母；6—滑套；

7—推力轴承；8—伺服电动机；9—上卡头

3. 焊接夹具

由立柱、传动机构、上下夹钳、焊剂（药）盒等组成，并装有监控装置，包括控制开关、次级电压表、时间指示灯（显示器）等。

夹具的主要作用是夹住上、下钢筋，使钢筋定位同心；传导焊接电流；确保焊药盒直径与钢筋直径相适应，便于装卸焊药，装有便于准确掌握各项焊接参数的监控装置。

4. 控制箱

它的作用是通过焊工操作（在焊接夹具上揿按钮），使弧焊电源的初级线路接通或断开。

5. 焊剂

焊剂(焊药)采用高锰、高硅、低氢型 HJ431 焊剂,其作用是使熔渣形成渣池,使钢筋接头良好,并保护熔化金属和高温金属,避免氧化、氮化反应的发生。使用前必须经 250 ℃烘烤2 h。落地的焊剂可以回收,并经 5 mm 筛子筛去熔渣,再经铜箩筛筛一遍后烘烤 2 h,最后再用铜箩筛筛一遍,才能与新焊剂混合使用。

焊剂盒可制成合瓣圆柱体,下部为锥体,如图 1—25所示。

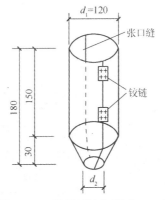

图 1—25　焊剂(药)盒(单位:mm)

【技能要点 7】全自动钢筋竖、横向电渣焊机的操作

1. 焊机的配电设备和线路技术要求

(1)工地供电变压器的容量要大于 100 kV·A,若与塔式起重机等用电设备共用时,变压器的容量还要相应加大,以保证焊机工作的正常供电,电源电压波动范围不应超出焊机配电的技术要求。

(2)从配电盘至电焊机的电源线,其导线截面面积应大于16 mm²;若电源线长度大于 100 m 时,其导线截面面积应大于20 mm²,以避免线路压降过大。

(3)焊钳电缆导线(焊把线)截面面积应大于 70 mm²,电源线和焊钳电缆的接线头与导线连接要压实焊牢,并紧固在配电盘和电焊机的接线柱上。

(4)配电盘上的空气保险开关和漏电保护开关的额定电流均应大于 150 A。

(5)交流 380 V 电源电缆和控制箱至卡具控制电缆的走线位置要选择好,防止工地上金属模板或其他重物砸坏电缆;若配电盘、电焊机和卡具相距较近时,电缆应拉开放置,不能盘成圆盘。

(6)电焊机和控制箱都要接地线,并接地良好。

2.焊接机具使用要点

(1)焊接机具应由专人使用和管理。使用人员应有上岗证书,非专业人员不得擅自操作。

(2)机具必须经试运转,调整正常后,才可正式使用。

(3)机具的电源部分要妥善保护,防止因操作不慎使钢筋和电源接触;不允许两台焊机使用一个电源闸刀。

(4)焊机必须有接地装置,其入土深度应在冻土线以下,地线的电阻不应大于 4 Ω。操作前要检查接地状态是否正常。停止工作或检查、调整焊接变压级次时,应将电源切断。对焊机及点焊机工作地点宜铺设木地板。

(5)操作时要穿防护工作服,在闪光焊区应设铁皮挡板。

(6)大量焊接生产时,焊接变压器不得超负荷工作,变压器温度不要超过 60 ℃。

(7)焊接工作房应用防火材料搭建。冬季施工时,棚内要采暖以防止对焊机内冷却水冻结。

全自动钢筋竖、横向电渣焊机简介

全封闭自动钢筋电渣焊机的设备组成如图 1—26、图 1—27 所示。

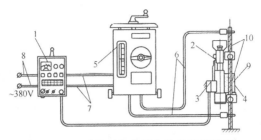

图 1—26 全自动钢筋竖向电渣焊机示意

1—控制箱;2—焊接卡具;3—控制盒;4—焊剂盒;5—电焊机;6—焊钳电缆;

7—控制箱输出电缆;8—电源电缆;9—焊剂;10—被焊钢筋

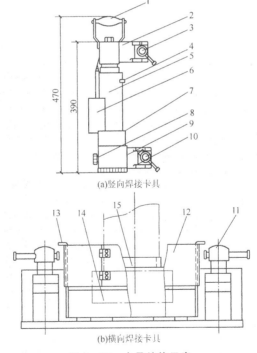

图 1—27 卡具结构示意

1—把手;2—上卡头;3—紧固螺栓;4—焊剂盒插口;5—电动机构;6—控制盒插座;

7—下钢筋限位标记;8—下卡头顶丝;9—下卡头;10—端盖;

11—横向卡具、卡头和基座;12—焊剂盒;13—挡板;14—铜模;15—横焊立管

【技能要点8】直螺纹连接机的操作

1. 钢筋螺纹连接设备使用要点

(1)设备应良好接地,防止漏电伤人。

(2)在加工前,电器箱上的正反开关置于规定位置。加工标准螺纹开关置于"标准螺纹"位置,加工左旋螺纹开关置于"左旋螺纹"位置。对剥肋滚压直螺纹成型机在加工左旋螺纹时,应更换左旋滚丝头及左剥肋机构。

(3)钢筋端头弯曲时,应调直或切去后才能加工,严禁用气割下料。

(4)出现紧急情况应立即停机,检查并排除故障后再使用。

(5)设备工作时不得检修、调整和加油。

(6)整机应设有防雨棚,防止雨水从箱体进入水箱。

(7)停止加工后,应关闭所有电源开关,并切断电源。

2. 钢筋螺纹连接设备维护要点

(1)开机前和停机后,擦洗设备,保持设备清洁。

(2)开机前,检查行程开关等各部件是否灵活、可靠,有无失灵情况。

(3)及时清理铁屑,定期清理水箱。

(4)加工丝头时,应采用水溶性切削液,不得用机油作润滑液或不加润滑液加工丝头。

(5)设备需定期按规定部位加油润滑,加油前应将油口、油嘴处的脏物清理干净。

3. 安全使用注意事项

(1)操作前应认真检查各部位安全装置是否良好,配电箱和电源线是否安全可靠,经检查确定无问题方可开机操作。

(2)操作人员必须经过技术培训,认真按照技术交底作业,未经项目领导批准,不得随意调换操作人员。

(3)套丝机械设备应在平整场地固定,并设防雨棚和接油装置。

(4)操作人员要思想集中,两人同机操作时应配合默契,后面的人听从前面人的指挥,出现机械故障时及时停机检修。

(5)工作完毕后整机清洁,把铁屑等杂物清扫干净,拉闸、断电、上锁方可离开。

直螺纹连接机简介

1. 结构组成

剥肋滚压直螺纹成型机的结构如图1—28所示。

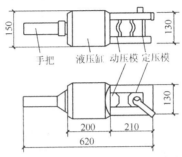

手把　液压缸　动压模　定压模

图1—28　YJ650型挤压机构示意图(单位:mm)

2. 工作原理

钢筋夹持在台钳上,扳动进给手柄,减速机向前移动,剥肋机构对钢筋进行剥肋,到调定长度后,通过涨刀触头使剥肋机构停止剥肋,减速机继续向前进给,涨刀触头缩回,滚丝头开始滚压螺纹,滚到设定长度时,行程挡块与行程开关接触断电,设备自动停机并延时反转,将钢筋退出滚丝头,扳动进给手柄后退,通过收刀触头收刀复位,减速机退到极限位置后停机,松开台钳、取出钢筋,完成螺纹加工。

【技能要点9】预应力钢筋加工机械的操作

1. 施工方法

(1)先张法。

先张法是在浇筑混凝土之前张拉钢筋(钢丝)产生预应力。一般用于预制梁、板等构件。

1)先张法工艺流程如图1—29所示。

2)先张法预应力张拉程序见表1—6。

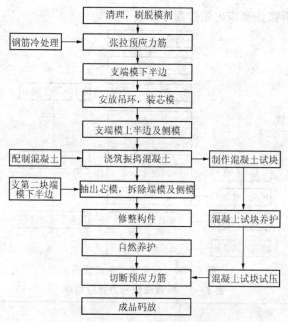

图1—29　先张法工艺流程图

表1—6　先张法预应力张拉程序

预应力钢筋种类	张拉程序
钢筋	$0\rightarrow$初应力$\rightarrow1.05\sigma_{con}$（持荷2 min）$\rightarrow0.9\sigma_{con}\rightarrow\sigma_{con}$（锚固）
钢丝、钢绞线	对于夹片式等具有自锚性的锚具：普通松弛力筋：$0\rightarrow$初应力$\rightarrow$ $1.03\sigma_{con}$（锚固）；低松弛力筋：$0\rightarrow$初应力$\rightarrow\sigma_{con}$（持荷2 min锚固）

注：1. 表中σ_{con}为张拉时的控制应力，包括预应力损失值；

2. 张拉钢筋时，为保证施工安全，应在超张拉放张至$0.96\sigma_{con}$时安装模板，普通钢筋及预埋件等；

3. 张拉时，钢丝、钢绞线在同一构件内断丝数不得超过钢丝总数的1%；预应力钢筋不容许断筋。

（2）后张法。

后张法是在混凝土浇筑的过程中，预留孔道，待混凝土构件达到设计强度后，在孔道内穿主要受力钢筋，张拉锚固建立预应力，并在孔道内进行压力灌浆，用水泥浆包裹保护预应力钢筋。

1）后张法工艺流程如图1—30所示。

2)后张法预应力张拉程序见表1—7。

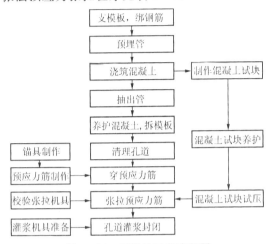

图1—30　后张法工艺流程图

表1—7　后张法预应力张拉程序

预应力筋		张拉程序
钢筋、钢筋束		0→初应力→$1.05\sigma_{con}$(持荷 2 min)→σ_{con}(锚固)
钢绞线束	对于夹片式等具有自锚性能的锚具	普通松弛力筋:0→初应力→$1.03\sigma_{con}$(锚固); 低松弛力筋:0→初应力 σ_{con}→(持荷 2 min 锚固)
	其他锚具	0→初应力斗→$1.05\sigma_{con}$(持荷 2 min)→σ_{con}(锚固)
钢丝束	对于夹片式等具有自锚性能的锚具	普通松弛力筋:0→初应力→$1.03\sigma_{con}$(锚固); 低松弛力筋:0→初应力 σ_{con}→(持荷 2 min 锚固)
	其他锚具	0→初应力→$1.05\sigma_{con}$(持荷 2 min)→0→σ_{con} (锚固)
精轧螺纹钢筋	直线配筋时	0→初应力→σ_{con}(持荷 2 min 锚固)
	曲线配筋时	0→σ_{con}(持荷 2 min)→0(上述程序可反复几次)→初应力→σ_{con}(持荷 2 min 锚固)

注:1. 表中 σ_{con} 为张拉时的控制应力,包括预应力损失值;

　　2. 两端同时张拉时,两端千斤顶升降压、划线、测伸长、插垫等工作基本一致;

　　3. 梁的竖向预应力筋可一次张拉到控制应力,然后于持荷 5 min 后测伸长和锚固。

预应力钢筋加工机械简介

1. 工作性质及原理

(1)预应力钢筋张拉设备是使预应力混凝土结构里的钢筋产生预应力,并使其保持预应力的设备,分手动、电动和液压传动张拉机等。液压张拉机拉力大、重量轻,使用灵活方便。按钢筋张拉工艺有先张法和后张法两种。先张法用的夹具可以重复使用;后张法用的锚具将成为构件的一部分,不能取下再用。

(2)施工现场常采用不同的夹具来锚固各种钢筋,圆锥形夹具用于锚固直径12~16 mm的钢筋;镦头梳筋板夹具适用于板类构件中张拉低碳冷拔钢丝;波形夹具可成批张拉和锚固钢丝;螺杆锥形夹具则用于钢筋束的后张自锚。

(3)作业时,钢筋的一端锚固,另一端由张拉机通过夹具把钢筋夹紧张拉。穿心式张拉机作业时将钢筋穿入,打开前油嘴,由液压泵把高压油送入后油嘴,使张拉缸后退,利用尾部锚具将钢筋锚固并张拉。张拉到所需应力值后,关闭后油嘴。前油嘴进油,活塞向前推出,顶压锚塞,使钢筋锚固。回程时,活塞靠弹簧复位,完成张拉。

2. 设备类型

(1)机具类。

包括穿心式千斤顶、前卡式千斤顶、台座式千斤顶、电动油泵、高压泵站、真空泵、搅拌机、制管机、挤压机、钢丝镦头器、灰浆泵等。

(2)锚具类。

包括扁锚、挤压P形锚具、单孔工具锚、金属波纹管、钢质锥形锚具、镦头锚等。

(3)连接器类。

包括YMIJl5(13)系列连接器、精轧螺纹钢连接器、线线连接器、线杆连接器、YGL25(32)系列连接器等。

2. 施工要点

（1）工艺流程。

千斤顶穿入钢纹线 → 卸载阀卸载 → 开启气阀启动油泵 → 换向供油（顺时针转动手柄千斤顶出缸） → 卸载阀升压（顺时针转动） → 自动锚紧 → 张拉 → 换向供油（闻时针转动手柄千斤顶回缸） → 自动退锚 → 卸载阀卸载（逆时针转动）→ 退出预应力千斤顶

（2）预应力工程张拉过程的质量要求。

1）安装张拉设备时，直线预应力筋张拉的力作用线与孔道中心线重合，曲线预应力筋张拉的力作用线与孔道中心线末端的切线重合。

2）根据预应力张拉设备检验标定书上的数值，在相应力值范围内用插入法计算各级荷载下的压力表读数值（即 $10\%\sigma_{con}$、$100\%\sigma_{con}$、$105\%\sigma_{con}$时），张拉操作过程要匀速施加荷载。

3）填写张拉设备施加预应力的记录，做到记录内容及原始数据完整、真实、可靠。

4）采用应力控制方法张拉时，要校验预应力钢筋的伸长值。

5）当用先张法同时张拉多根预应力筋时，应先调整初应力，使其应力一致，然后通过钢横梁整体张拉至规定值。

6）用后张法张拉长度 5～24 m 的直线预应力筋，可在一端张拉。

7）对曲线预应力筋和长度大于 24 m 的直线预应力筋的张拉分两种情况：一个成形孔道时采用两台同型号的千斤顶张拉设备进行单向对称张拉；两个成形孔道时，配用四台同型号的预应力千斤顶设备双向对称张拉，避免结构裂缝开展与变形。

8）多根预应力筋可分批张拉，采用同一张拉值逐根复位补足，保证预应力筋的张拉控制应力值。

9）为保证张拉过程的质量，应对从事预应力工程施工人员进行岗位操作技能培训，做到持证上岗；对预应力张拉设备在使用过程中的操作和检查情况做出记录，并予以保存。

3. 预应力张拉设备的定期检修

(1) 质量控制要求。

1) 根据预应力施工需要,选定的预应力张拉设备应进行检定校验,标定预应力张拉值与压力表之间的相关关系。

2) 检定校验单位应具有相应资质,检验时间应在工程施工之前,校验期限不宜超过半年。

3) 张拉设备校验要选用检定合格的压力表。检验时,千斤顶活塞的运行方向与实际张拉工作状态一致。

4) 建立预应力张拉设备的台账,新添置的张拉设备及时登记在册,以便进行质量跟踪。

5) 做好并保存预应力张拉设备的检定记录。包括千斤顶型号、编号、使用地点、检定日期、结果、环境条件、责任人员等。

(2) 张拉锚具的质量验证。

锚具进货后,应对供应厂家提交的张拉锚具检验报告进行审核确认,进行材料验收。检查外观、尺寸和硬度,并抽取 3 个预应力筋锚具组装件,送测试中心进行静载锚固试验,测定预应力筋用夹片效率系数应符合锚固性能要求。

(3) 预应力千斤顶的维修。

为了保证持续施工的要求,应注意预应力张拉设备必要的维修和保养,随时掌握千斤顶的使用状况,检查工作性能,必要时更换油封等易损件。对在用的预应力张拉设备配备有效使用周期的标志。准确度不符合要求或有故障时要及时修理,出示停用标志。

4. 安全操作要点

(1) 总体要求。

1) 必须经过专业培训,掌握预应力张拉的安全技术知识并经考核合格后方可上岗。

2) 必须按照检测机构检验编号的配套组使用张拉机具。

3) 张拉作业区域应设明显警示牌,非作业人员不得进入作业区。

4) 张拉时必须服从统一指挥,严格按照技术交底要求读表。

油压不得超过技术交底规定值。发现油压异常等情况时,必须立即停机。

5)高压油泵操作人员应戴护目镜。

6)作业前应检查高压油泵与千斤顶之间的连接件,连接件必须完好、紧固,确认安全后方可作业。

7)施加荷载时,严禁敲击、调整施力装置。

(2)先张法。

1)张拉台座两端必须设置防护墙,沿台座外侧纵向每隔2～3 m设一个防护架。张拉时,台座两端严禁有人,任何人不得进入张拉区域。

2)油泵必须放在台座的侧面,操作人员必须站在油泵的侧面。

3)打紧夹具时,作业人员应站在横梁的上面或侧面,击打夹具中心。

(3)后张法。

1)作业前必须在张拉端设置5 cm厚的防护木板。

2)操作千斤顶和测量伸长值的人员应站在千斤顶侧面操作,千斤顶顶力作用线方向不得有人。

3)张拉时千斤顶行程不得超过技术交底的规定值。

4)两端或分段张拉时,作业人员应明确联络信号,协调配合。

5)高处张拉时,作业人员应在牢固、有防护栏的平台上作业,上下平台必须走安全梯或马道。

6)张拉完成后,应及时灌浆、封锚。

7)孔道灌浆作业,喷嘴插入孔道后,喷嘴后面的胶皮垫圈必须紧压在孔口上,胶皮管与灰浆泵必须连接牢固。

8)堵灌浆孔时,应站在孔的侧面。

第三节　木工机械

【技能要点1】锯割机械的操作

(1)圆锯机正确拨料的基本要求如下。

1)所有锯齿的每边拨料量都应相等。

2)锯齿的弯折处不可在齿的根部,而应在齿高的一半以上处,厚锯约为齿高的 1/3,薄锯为齿高的 1/4。弯折线应向锯齿的前面稍微倾斜,所有锯齿的弯折线到锯齿尖的距离都应当相等。

3)拨料大小应与工作条件相适应,每一边的拨料量一般为 0.2～0.8 mm,约等于锯片厚度的 1.4～1.9 倍,最大不应超过 2 倍。软料湿材取较大值,硬材与干材取较小值。

4)锯齿拨料一般采用机械和手工两种方法,目前多以手工拨料为主,即用拨料器或锤打的方法进行。

(2)圆锯机的操作。

1)圆锯机操作前,应先检查锯片是否安装牢固,以及锯片是否有裂纹,并装好防护罩及保险装置。

2)安装锯片时应使其与主轴同心,片内孔与轴的空隙不应大于 0.15～0.2 mm,否则会产生离心惯性力,使锯片在旋转中摆动。

3)法兰盘的夹紧面必须平整,要严格垂直于主轴的旋转中心,同时保持锯片安装牢固。

4)如锯旧料时,必须检查被锯割木材内部是否有钉子,或表面是否有水泥渣,以防损伤锯齿,甚至发生伤人事故。

5)操作时应站在锯片稍左的位置,不应与锯片站在同一直线上,以防木料弹出伤人。

6)送料不要用力过猛、过快,木材相对台面要端平,不要摆动或抬高、压低。

7)锯剖木节处要放慢速度,并应注意防止木节弹出伤人。

8)纵向剖长料时,要两人配合,上手将木料沿着导板不偏斜地均匀送进。当木料端头露出锯片后,下手用拉钩抓住,均匀地拉过,待木料拉出锯台后方可用手接住。锯剖短木料时必须用推杆送料,不得一根接一根地送料,以防锯齿伤手。

9)为了避免锯剖时锯片因摩擦发热产生变形,锯片两侧要装冷水管。

锯割机械简介

1.带锯机

带锯机主要是用来对木材进行直线纵向锯割的设备,它是一种可以把原木锯割成材的木工机械。带锯机按用途不同可分为原木带锯机、再割带锯机和细木带锯机三种。按其组成不同又可分为台式带锯机、跑车带锯机和细木带锯机,由于锯割木材的大小和用途不同,所以带锯机还有大、中、小之分。带锯机的大小依照锯齿轮的直径规格及送料系统的情况而定。

2.圆锯机

圆锯机主要用于纵向及横向锯割木材。

(1)圆锯机的构造。MJ109 型手动进料圆锯机,由机架台面、锯片、锯比子(导板)、电动机、防护罩等组成。

(2)圆锯片。圆锯机所用的圆锯片有普通平面圆锯片和刨锯片两种,普通平面圆锯机的两面都是平直的,锯齿经过拨料,用来纵向锯割和横向截断木料,是广泛采用的一种锯片。刨锯片是从锯齿中心部位逐渐变薄,不用拨料,锯条表面有凸棱,对锯割面兼有刨光作用。

圆锯片齿形与被锯割木料的硬度、进料速度等有关,应按使用要求选用。一般圆锯片齿形分纵割齿和横割齿两种。

(3)圆锯片的齿形与拨料。

锯齿的拨料是将相邻各齿的上部互相向左右拨弯,如图1—31所示。

图1—31　锯齿的拨料

圆锯片锯齿形状与锯割木材的软硬、进料速度、光洁度及纵割或横割等有密切关系。

【技能要点2】刨削机械的操作

1.平刨机

（1）操作前必须检查安全保护装置，并在试运转达到要求后再进行加工操作。

（2）操作前要进行工作台的调整，前台要比后台略低，高度差即为刨削厚度，一般控制在1～2.5 mm之间，一般经1～2次即可刨平刨直。

（3）刨削前，应对待加工材料进行检查，以确定正确加工方案，板厚在30 mm以下，长度不足300 mm的短料，禁止在手压刨上进行刨削，以防发生伤手事故。

（4）单人操作时，人要站在工作台的左侧中间，左脚在前，右脚在后，左手按住木料，右手均匀地推送，如图1—32所示。当右手离刨15 cm时，即应脱离料面，靠左手推送。

图1—32　刨料手势

（5）无论何种材质的刨料，都应顺茬刨削，遇有戗茬、节疤、纹理不直、坚硬等材料时，要降低刨削的进料速度。一般进料速度控制在4～15 m/min，刨时先刨大面，后刨小面。

（6）刨削较短、较薄的木料时，应用推棍、推板推送，如图1—33所示。长度不足400 mm或薄且窄的小料，不要在平刨上刨削，以免发生伤手事故。

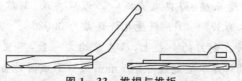

图1—33　推棍与推板

（7）两人同时操作时，要互相配合，木料过刨刃300 mm后，下手方可接拉。

（8）同时刨削几个工件时，厚度应基本相等。以防薄的构件被刨刀弹回伤人。应尽量避免同时刨削多个工件。

平刨机简介

手压刨又称平刨，由机座、台面（工作台）、刀轴、刨刀、导板、电动机等组成。现在工地已普遍应用。

（1）机座。机座台面用铸铁制成。

（2）工作台。工作台可分为前工作台和后工作台，台面光滑平直，台面下部两边有角形轨道，与机座角槽配合在一起。台面底部前后两端装设手轮，通过手轮转动丝杠，使台面沿着轨道上升下降，用来调节刨刀露出台面的高低。在刨削时，后台面应与刨刀刃的高度一致，前台面低于后台面的高度就是刨层的厚度，这样可提高加工构件的精度。

（3）刀轴。机座顶部两侧装设轴承座，刀轴装在轴承内。刀轴的中部开有两个键槽，键槽内装配刨刀两片。当装在机座底部的电动机开动时，通过刀轴末端的 V 带轮，带动刀轴运转即可刨削。

（4）导板。台面上装有活动导板，可根据刨削构件的角度要求来调整导板的立面角度。

（5）刨刀。刨刀有两种：一是有孔槽的厚刨刀；一是无孔槽的薄刨刀。厚刨刀用于方刀轴及带弓形盖的圆刀轴；薄刨刀用于带楔形压条的圆刀轴。常用刨刀尺寸是长度 200～600 mm，厚刨刀厚度 7～9 mm，薄刨刀厚度 3～4 mm。

刨刀变钝一般使用砂轮磨刀机修磨。刨刀磨修要求达到刨削锋利、角度正确、刃口成直线等。刃口角度：刨软木为 $35°～37°$，刨硬木为 $37°～40°$。斜度允许误差为 0.02%。

修磨时在刨刀的全长上，压力应均匀一致，不宜过重，每次行程磨去的厚度不宜超过 0.015 mm，刃口形成时适当减慢速度。磨修时要防止刨刀过热退火，无冷却装置的应用冷水浇注退热。操作人员应站在砂轮旋转方向的侧边，防止砂轮破碎飞出伤人。

为保证刨削木料的质量,需要精确地调整刀刃装置,使各刀刃离转动中心的距离一致。刀刃的位置,一般用平直的木条来检验,将刨刀装在刀轴上后,用木条的纵向放在后台面上伸出刨口,木条端头与刀轴的垂直中心线相交,然后转动刀轴,沿刨刀全长取两头及中间做三点检验,看其伸出量是否一致。

　　2.自动压刨机

　　(1)操作前应检查安全装置,调试正常后再进行操作。

　　(2)应按照加工木料的要求尺寸仔细调整机床刻度尺,每次吃刀深度应不超过 2 mm。

　　(3)自动压刨机由两人操作。一人进料,一人按料,人站在机床左、右侧或稍后为宜。刨长的构件时,二人应协调一致,平直推进顺直拉送。刨短料时,可用木棒推进,不能用手推动。如发现横走时,应立即转动手轮,将工作台面降落或停车调整。

　　(4)操作人员工作时,思想要集中,衣袖要扎紧,不得戴手套,以免发生事故。

自动压刨机简介

　　自动压刨机由机身、工作台、刀轴、刨刀滚筒、升降系统、防护罩、电动机等组合而成。常用有 MB103 和 MB1065 两种。

【技能要点3】轻便机具的操作

　　1.锯

　　曲线锯可以作中心切割(如开孔)、直线切割、圆形或弧形切割。为了切割准确,要始终保持和体底面与工件成直角。

　　操作中不能强制推动锯条前进,不要弯折锯片,使用中不要覆盖排气孔,不要在开动中更换零件、润滑或调节速度等。操作时人体与锯条要保持一定的距离,运动部件未完全停下时不要把机体放倒。

　　对曲线锯要注意经常维护保养,要使用与金属铭牌上相同的电压。

锯的简介

又称反复锯,分水平和垂直曲线锯两种,如图1—34所示。

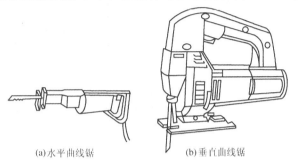

(a)水平曲线锯　　　　　　　(b)垂直曲线锯

图1—34　电动曲线据

对不同材料,应选用不同的锯条,中、粗齿锯条适用于锯割木材;中齿锯条适用于锯割有色金属板、压层板;细齿锯条适用于锯割钢板。

2.手电刨

(1)两刨刀必须同时装上并且位置准确,刃口必须与底板成同一平面,伸出高度一致。

(2)刨削毛糙的表面,顺时针转动机头调节螺母,先取用较大的刨削深度,并用较慢的推进速度。刨出平整面后,再用较小的刨削深度,即逆时针转动调节螺母,并用适当的速度均匀地刨削。

(3)刨刀的刀刃必须锐利。

(4)电刨必须经常保持清洁,使用完毕后应进行清理。

(5)使用时要戴绝缘手套,以防触电。

手电刨简介

手提式木工电动刨如图1—35所示。手电刨多用于木装修,专门刨削木材表面。

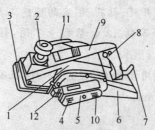

图1—35 手提式木工电动刨

1—罩壳;2—调节螺母;3—前座板;4—主轴;5—皮带罩壳;6—后座板;7—接线头;
8—开关;9—手柄;10—电机轴;11—木屑出口;12—碳刷

3.电钻

电动冲击钻是可以调节并旋转带冲击的特种电钻。当把旋钮调到旋转位置,装上钻头,像普通电钻一样,可以对部件进行钻孔。如果把旋钮调到冲击位置,装上合金冲击钻头,可以对混凝土砖墙进行钻孔。

操作时先接上电源,双手端正机体,将钻头对准钻孔中心,打开开关,双手加压,以增加钻入速度。操作时要戴好绝缘手套,防止电钻漏电发生触电事故。

电钻的简介

手提式电钻基本上分为两种:一种是微型电钻;另一种是电动冲击钻,如图1—36和图1—37所示。

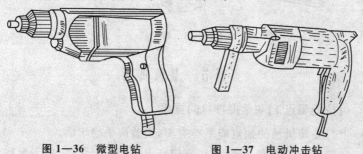

图1—36 微型电钻   图1—37 电动冲击钻

手提式电钻是开孔、钻孔、固定的理想工具。微型电钻适用于金属、塑料、木材等钻孔，电钻型号不同，钻孔的最大直径为13 mm。

电动冲击钻适用于金属、塑料、木材、混凝土、砖墙等钻孔，最大直径可达 22 mm。

4.电动砂光机

操作时，拿起砂光机离开工件并启动电机，当电机达到最大转速时，以稍微向前的动作把砂光机放在工件上，先让主动滚轴接触工件，向前一动后，就让平板部分充分接触工件。砂光机平行于木材的纹理来回移动，前后轨迹稍微搭接。不要给机具施加压力或停留在一个地方，以免造成凹凸不平。

为达到木制品表面磨光要求，可用粗砂先做快磨，用细砂磨最后一遍。安装和调换砂带时，一定要切断电源。

电动砂光机简介

电动砂光机(如图 1—38 所示)的主要作用是将工件表面磨光。

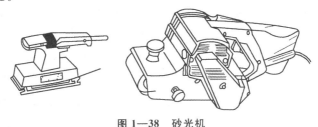

图 1—38　砂光机

第四节　装修机械

【技能要点 1】灰浆搅拌机的操作

(1)安装机械的地点应平整夯实,安装应平稳牢固。

(2)行走轮要离开地面,机座应高出地面一定距离,便于出料。

(3)开机前应对各种转动部位加注润滑剂,检查机械部件是否正常。

（4）开机前应检查电气设备绝缘和接地是否良好，皮带轮的齿轮必须有防护罩。

（5）开机后，先空载运输，待机械运转正常，再边加料边加水进行搅拌，所用砂子必须过筛。

（6）加料时工具不能碰撞拌叶，更不能在转动时把工具伸进斗里扒浆。

（7）工作后必须用水将机器清洗干净。

灰浆搅拌机发生故障时，必须停机检验，不准带故障工作，故障排除方法见表1—8。

表1—8　灰浆搅拌机故障排除方法

故障现象	原因	排除方法
拌叶和筒壁摩擦碰撞	1. 拌叶和筒壁间隙过小； 2. 螺栓松动	1. 调整间隙； 2. 紧固螺栓
刮不净灰浆	拌叶与筒壁间隙过大	调整间隙
主轴转数不够或不转	带松弛	调整电动机底座螺栓
传动不平稳	1. 蜗轮蜗杆或齿轮啮合间隙过大或过小； 2. 传动键松动； 3. 轴承磨损	1. 修换或调整中心距、垂直底与平行度； 2. 修换键； 3. 更换轴承
拌筒两侧轴孔漏浆	1. 密封盘根不紧； 2. 密封盘根失效	1. 压紧盘根； 2. 更换盘根
主轴承过热或有杂音	1. 渗入砂粒； 2. 发生干磨	1. 拆卸清洗并加满新油(脂)； 2. 补加润滑油(脂)
减速箱过热且有杂音	1. 齿轮（或蜗轮）啮合不良； 2. 齿轮损坏； 3. 发生干磨	1. 拆卸调整，必要时加垫或修换； 2. 修换； 3. 补加润滑油

灰浆搅拌机的简介

1. 灰浆搅拌机的类型

灰浆搅拌机按卸料方式的不同分两种：一种是使拌筒倾翻、筒口倾斜出料的倾翻卸料灰浆搅拌机；另一种是拌筒不动、打开拌筒底侧出料的活门卸料灰浆搅拌机。

目前，常使用的有 100 L、200 L 与 325 L（均为装料容量）规格的灰浆搅拌机。100 L 与 200 L 容量多数为倾翻卸料式，325 L 容量多数为活门卸料式。根据不同的需要，灰浆搅拌机还可制成固定式与移动式两种形式。

常用的倾翻卸料灰浆搅拌机有 HJl—200 型、HJl—200A 型、HJl—200B 型和活门卸料搅拌机 HJl—325 型等。代号意义：H——灰浆；J——搅拌机；数字表示容量(L)。

2. 灰浆搅拌机的工作原理

(1)拌筒装在机架上，拌筒内沿纵向的中心线方向装一根轴，上面有若干拌叶，用以进行搅拌；机器上部装有虹吸式配水箱，可自动供拌和用水；装料是由进料斗进行。

(2)装有拌叶的轴支承在拌筒两端的轴承中，并与减速箱输出轴相连接，由电动机经 V 形带驱动搅拌轴旋转进行拌和。

(3)卸料时，拉动卸料手柄可使出料活门开启，灰浆由此卸出，然后推压手柄便将活门关闭。

(4)进料斗的 4 升降机构由制动带抱合轴、制动轮、卷扬筒、离合器等组成，并由手柄操纵。

(5)钢丝绳围绕在料斗边缘外侧，其两端分别卷绕在卷扬筒上。减速箱另一输出轴端安装主动链轮，传动被动链轮而旋转，被动链轮同时又是离合器鼓（其内部为内锥面）。

(6)装料时，推压料斗升降手柄，使常闭式制动器上的制动带松开，而制动带抱合轴与离合器的鼓接通使料斗上升。当放松手柄，制动轮被制动带抱合轴抱合停止转动，进料斗也停住不动进行装料。料斗下降时，只需轻提料斗升降手柄，制动带松开，料斗即下降。

【技能要点 2】单盘磨石机的操作

(1)在磨石机工作前,应仔细检查其各机件的情况。

(2)导线、开关等应绝缘良好,熔断丝规格适当。

(3)导线应用绳子悬空吊起,不应放在地上,以免拖拉磨损,造成触电事故。

(4)在工作前,应进行试运转,待运转正常后,才能开始正式工作。

(5)操作人员工作时必须穿胶鞋、戴手套。

(6)检查或修理时必须停机,电器的检查与修理由电工进行。

(7)磨石机使用完毕,应清理干净,放置在干燥处,用方木垫平放稳,并用油布等遮盖物加以覆盖。

(8)磨石机应有专人负责操作,其他人不准开动机器。

单盘磨石机简介

水磨石地面是在地面上浇注带小石子的水泥砂浆,待其凝固并具有一定的强度之后,使用磨石机将地面磨光制成的。

(1)磨石机有单盘和双盘两种,如图 1—39 所示为单盘磨石机。

(2)使用时,电动机 5 经过齿轮减速后带动磨石转盘旋转,转盘的转速约 300 r/min,在转盘底部装有 3 个磨石夹具 8,每个夹具夹有一块三角形的金刚砂磨石 7。转盘旋转时另有水管向地面喷水,保证磨石机在磨光过程中不致发热。这种磨石机每小时可磨地面 3.5~4.5 m²。

(3)使用时,先检查开关、导线的情况,保证安全可靠;检查磨石是否装牢,最好在夹爪(或螺栓顶尖)和磨石之间垫以木楔,不要直接硬卡,以免在运动中发生松动;注意润滑各部销轴,磨石机一般每隔 200~400 工作小时进行一级保养。在一级保养中,要拆检电动机、减速箱、磨石夹具以及行走机构和调节手轮等。拆检无误后须加注新的润滑油(脂),磨石装进夹具的深度不能小于 15 mm,减速箱的油封必须良好,否则应予以更换。

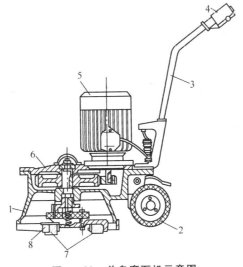

图 1—39　单盘磨石机示意图

1—磨盘外罩；2—移动滚轮；3—操纵杆；4—电气开关；5—电动机；
6—变速箱；7—金刚砂磨石；8—磨石夹具

【技能要点 3】地坪磨光机的操作

（1）磨光机使用前，应先仔细检查电器开关和导线的绝缘情况。因为施工场地水多，地面潮湿，导线最好用绳子悬挂起来，不要随着机械的移动在地面上拖拉，防止发生漏电，造成触电事故。

（2）使用前应对机械部分进行检查，检查磨刀以及工作装置是否安装牢固，螺栓、螺母等是否拧紧，传动件是否灵活有效，同时还应充分进行润滑。在工作前应先试运转，待转速达到正常时再放落到工作部位。工作中发现零件有松动或声音不正常时，必须立即停机检查，以防发生机械损坏和伤人事故。

（3）机械长时间工作后，如发生电动机或传动部位过热现象，必须停机冷却后再工作。操作磨光机时，应穿胶鞋、戴绝缘手套，以防触电。每班工作结束后，要切断电源，并将磨光机放到干燥处，防止电动机受潮。

地坪磨光机简介

1. 构造

地坪磨光机也称地面收光机,是水泥砂浆铺摊在地面上、经过大面积刮平后,进行压平与磨光用的机械,如图1—40所示为该机的外形示意图。它是由传动部分、磨刀及机架所组成。

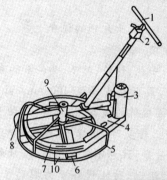

图1—40　地坪磨光机示意图
1—操纵手柄;2—电气开关;3—电动机;4—防护罩;5—保护圈;
6—磨刀;7—磨刀转子;8—配重;9—轴承架;10—V带

2. 工作原理

使用时,电动机3通过V带驱动磨刀转子7,在转动的十字架底面上装有2~4片磨刀片6,磨刀倾斜方向与转子旋转方向一致,磨刀的倾角与地面呈10°~15°。

使用前,首先检查电动机旋转的方向是否正确。使用时,先握住操纵手柄,启动电动机,磨刀片随之旋转而进行水泥地面磨光工作。磨第一遍时,要求能起到磨平与出浆的作用,如有低凹不平处,应找补适量的砂浆,再磨第二遍、第三遍。

第五节　中小型起重机械

【技能要点1】千斤顶的操作

千斤顶使用时,应先确定起重物的重心,正确选择千斤顶的着力点,考虑放置千斤顶的方向,以便手柄操作方便。

用千斤顶顶升较大和较重的卧式物体时,可先抬起一端但斜度不得超过3°(1∶20),并在物件与地面间设置保险垫。

如选用两台以上千斤顶同时工作时,每台千斤顶的起重能力不得小于其计算载荷的1.2倍,防止顶升不同步而使个别千斤顶超载而损坏。

千斤顶的简介

1.齿条式千斤顶

齿条千斤顶由手柄、棘轮、棘爪、齿轮和齿条组成,它的起重能力一般为3~5 t,最大起重高度400 mm,齿条千斤顶升降速度快,能顶升离地面较低的设备,操作时,转动千斤顶上的手柄,即可顶起设备,停止转动时,靠棘爪、棘轮机构自锁。设备下降时,放松齿条式千斤顶,注意不能突然下降,使棘爪与棘轮脱开,要控制手柄缓慢的运动,防止设备重力驱动手柄飞速回转而致事故发生。

2.螺旋式千斤顶

螺旋式千斤顶是利用螺纹的升角小于螺杆与螺母间的摩擦角,因而具有自锁作用,在设备重力作用下不会自行下落。

3.液压千斤顶

液压千斤顶主要由工作油缸、起重活塞、柱塞泵、手柄等几部分组成,主要零件有油泵芯、缸、胶碗,活塞杆、外壳、底座、手柄、工作油、放油阀等。它以液体为介质,通过油泵将机械能转变为压力能,进入油缸后又将压力能转变为机械能,推动油缸活塞,顶起重物,其工作原理是利用液压原理。液压千斤顶的起重能力,不仅与工作压力有关,还与活塞直径有关,液压千斤顶起重量大、效率高、工作平稳,有自锁性,回程简便。

【技能要点2】卷扬机的操作

1.电动卷扬机的试验

电动卷扬机是重要的起重机械,在使用前须进行安全性能检查,其检查步骤及试验项目为先进行外部检查和进行空载试验,合格后再进行载荷运转试验。

(1)空载荷试验。

1)有条件时应在试验架上进行。否则应将卷扬机安装可靠后,才能进行试验。供电线路及接地装置必须合乎规定。电动机在额定载荷工作时,电源电压与额定电压偏差应符合规定。

2)空运转试验不少于 10 min,机器运转正常,各转动部分必须平稳,无跳动和过大的噪声。传动齿轮不允许有冲击声和周期性强弱声音。

3)试验制动器与离合器,各操纵杆的动作必须灵活、正确、可靠,不得有卡住现象。离合器分离完全,操作轻便。

4)测定电动机的三相电流,每相电流的偏差应符合规定。

(2)载荷运转试验。

1)载荷运转试验的时间应不少于 30 min。对于慢速卷扬机应按下列顺序进行:

①载荷量应逐渐增加,最后达到额定载荷的 110%。

②运转应反、正方向交替进行,提升高度不低于 2.5 m,并在悬空状态进行启动与制动。

③运转时试验制动器,必须保持工作可靠,制动时钢丝绳下滑量不超过 50 mm。

④运转中蜗轮箱和轴承温度不超过 60 ℃。

2)快速卷扬机应按以下顺序进行。

①载荷量应逐渐增加,直至满载荷为止,提升和下降按下列操作方法,试验安全制动各 2~3 次,每次均应工作可靠,使卷筒卷过两层,安装刹车柱的指示销。

②操作制动器时,手柄上所使用的力不应超过 80 N。

③在满载荷试验合格后,应再作超载提升试验 2~3 次,超载量为 10%。

④在试验中轴承温度应不超过 60 ℃。

⑤测定载荷电流,满载时的稳定电流和最大电流应符合原机

要求。

试运转后,检查各部固定螺栓应无松动,齿轮箱密封良好、无漏油,齿轮啮合面达到要求。

卷扬机的简介

1. 手摇卷扬机

手摇卷扬机又称手摇绞车,多用于起重量不大的起重作业或配合桅杆起重机等作垂直起吊工作,起重量有 0.5 t、1 t、3 t、5 t、10 t 等几种。

2. 电动卷扬机

电动卷扬机按滚筒形式分有单滚筒和双滚筒两种,按传动形式有可逆式和摩擦式之分,其起重量有多种规格。

2. 电动卷扬机使用注意事项

卷扬机及滑车选配时,其依据主要是设备的高度及起吊速度,施工中应根据具体情况合理选择。

(1)卷扬机应安装在平坦、坚实、视野开阔的地点。布置方位应正确,固定牢靠,可采用地锚或利用就近的钢筋混凝土基础,对较长期定位使用的卷扬机,则可浇筑钢筋混凝土基础,短期使用者应将机座牢固置于木排上,机座木排前面打桩,后面加压力平衡,以防滑动或倾覆。长期置于露天的卷扬机应设防雨棚。

(2)卷筒上的钢丝绳应分层排列整齐,且不得高于端部挡板,绳头在卷筒上应卡固牢靠,所选用的钢丝绳直径应与卷筒相匹配,即卷扬机卷筒直径与所用钢丝绳的直径有关,一般卷筒直径是钢丝绳的16～25倍。

(3)卷扬机操作者须经专业考试合格持证上岗,熟悉卷扬机的结构、性能及使用维护知识,严格按规程操作,在进行大型吊装作业及危险作业时,除操作者外,应设专人监护卷扬机运行情况,发现异常及时处理并报告总指挥。使用两台或多台卷扬机吊装同一重物时,卷扬机的牵引速度和起重量等参数应尽量相同(或相符),并须统一指挥、统一行动,做到同步起升或降落。

（4）卷扬机的维护保养。

在起吊及运输设备过程中，卷扬机的好坏将直接影响到设备的安全、可靠吊装与运输，故需加强卷扬机的维护保养。

1）日常维护保养。应经常保持机械、电气部分清洁，各活动部分充分润滑，经常需检查各部件连接情况是否正常，制动器、离合器、轴承座、操作控制器等是否牢靠，动作是否失灵，出现问题及时更换；经常检查钢丝绳状况，连接是否牢固，有无磨损断丝，出现问题及时处理或更换，工作结束后应收拢钢丝绳，加上防护罩，断开电源，拔出保险。

2）定期维护保养。一般卷扬机工作 100～300 h 后应进行一级维护，即对机械部分进行全面清洗，重新润滑，检查各部分工作状况，更换或补充润滑油至规定油位。卷扬机工作 600 h 后，应进行二级维护，其内容为测定电机绝缘电阻，拆检电动机、减速器、制动器及电源系统，清洗电动机轴承，更换润滑油，详细查钢丝绳的质量状况等。

【技能要点 3】手动、电动葫芦的操作

1. 手拉葫芦

（1）使用前应检查其传动、制动部分是否灵活可靠，传动部分应保持良好润滑，但润滑油不能渗至摩擦片上，以防影响制动效果，链条应完好无损，销子牢固可靠，查明额定起重能力，严禁超载使用。手拉葫芦当吊钩磨损量超过 10%，必须更换新钩。

（2）使用时，拉链中应避免小链条跳出轮槽或吊钩链条打扭，在倾斜或水平方向使用时，拉链方向应与链轮方向一致，以防卡链或掉链，接近满负载时，小链拉力应在 400 N（40 kgf）以下，如拉不动应查明原因，不得以增加人数的方法强拉硬拽。使用中链条葫芦的大链严禁放尽，至少应留 3 扣以上。

（3）已吊起的设备需停留时间较长时，必须将手拉链拴在起重链上，以防时间过久而自锁失灵，另外除非采取了其他能单独承受重物重量吊挂或支承的保护措施，否则操作人员不得离开。

手拉葫芦的简介

手拉葫芦又称神仙葫芦、链条葫芦或捌链,是一种使用简便、易于携带、应用广泛的手动起重机械。它适用于小型设备和重物的短距离吊装,起重量一般不超过 10 t,最大的可达 20 t,起重高度一般不超过 6 m。

手拉葫芦主要由链轮、手拉链、传动机械、起重链及上下吊钩等几部分组成。

2.电动葫芦

(1)不能在有爆炸危险或有酸碱类的气体环境中使用,不能用于运送熔化的液体金属及其他易燃易爆物品。

(2)不准超载使用。

(3)按规定定期润滑各运动部件。

(4)电动机轴向移动量 δ 出厂时已调整到 1.5 m 左右,使用中它将随制动环的磨损而逐渐加大,如发现制动后重物下滑量较大,应及时对制动器进行调整,直至更换新环,以保证制动安全。

电动葫芦的简介

电动葫芦是把电动机、减速器、卷筒及制动装置等组合在一起的小型轻便的起重设备。它结构紧凑,轻巧灵活,广泛应用于中小物体的起重吊装工作中,它可以固定悬挂在高处,仅作垂直提升,也可悬挂在可沿轨道行走的小车上,构成单梁或简易双梁吊车。电动葫芦操作也很方便,由电动葫芦上悬垂下一个按钮盒,人在地面即可控制其全部动作。

国产 CD 和 MP 型(双速)电葫芦其起重量为 0.5～10 t,起升高度 6～30 m,起升速度一般为 8 m/min,用途较广,另外,MD 型双速电动葫芦还有一个 0.8 m/min 的低速起升速度,可用作精密安装装夹工件等要求精密调整的工作。

第六节　地基处理机械

【技能要点1】蛙式打夯机的操作

(1)夯机使用前检查绝缘线路、漏电保护器、定向开关、皮带、偏心块等,确认无问题方可使用。

(2)夯机操作时,要两人操作,一人扶夯机,一人整理线路,防止夯头夯打电源线。

(3)夯机拐弯时,不得猛拐或撒把不扶,任其自由行走。

(4)夯机作业时,夯机前进方向和靠近 2 m 范围内不得有人;多台夯机夯打时,其并列间距不得小于 5 m,前后间距不得小于 10 m;作业人员穿绝缘鞋、戴绝缘手套。

(5)随机的电源线应保持 3~4 m 的余量,发现电源线缠绕、破裂时要及时断电,停止作业,马上修理。

(6)挪夯机前要断电,绑好偏心块,盘好缆线。工作完后断电锁好,放在干燥处。

(7)夯头轴承座和传动轴承座在每班工作后应检查并加添润滑油。

(8)夯机动臂滑动轴承和扶手转轴等处均装有压注式油杯,每班工作后,应检查并加注润滑油。

(9)滚动轴承部位在每工作 400 h 时应检查并加注润滑油。

(10)每班工作后应彻底清除机身泥土,擦拭干净并加足各部润滑油。

蛙式打夯机简介

蛙式打夯机是由夯头、动力和传动系统、拖盘三部分组成的。

电动机经过二级减速,使夯头上的大皮带轮旋转,利用偏心块在旋转中产生的能量,使夯头上下周期夯击,在夯击的同时,夯实机也能自行前进。蛙式打夯机就是利用重心偏置的原理,由惯性驱使打夯机像青蛙一样,一跳一跳地夯实地面。

【技能要点 2】振动式冲击夯的操作

(1)使用前用户应详细阅读本说明书,按规范作业。

(2)使用前用户应检查油量,按规定加注润滑油,严禁无油操作。

(3)电机异常发热,应停机检查原因,确认电机接地良好。

(4)电机接通电源后,检查电机旋向是否正确(从风叶方向看应为顺时针方向旋转),否则,应调换相序。

(5)夯机工作时,不宜将扶手握得过紧,以减少对人体的振动而产生疲劳,扶手主要用于控制行进路线和方向。

(6)夯实回填土,应分层夯实,每层夯实高度不超过 25 cm,往返夯实三遍。

(7)夯实较松填土或上坡时,可稍压扶手,保证夯机的前进速度。

(8)严禁夯打水泥路面及其他硬地面。

(9)夯机工作时,导线不能拉得过紧,留有 3~4 m 余量。

(10)经常检查电线绝缘情况,防止漏电。

(11)工作时,如发现异常声响,要立即停机检查。

振动式冲击夯

振动冲击夯由原动机(汽油机或电动机)、联轴器、传动齿轮、连杆、内外缸体、夯板、手把等组成。

原动机动力由离合器传给小齿轮带动大齿轮转动,使安装在大齿轮上的连杆带动活塞杆作上、下往复运动,由于弹簧对其能量的吸收和释放,致使夯板快速跳动,对被夯材料产生冲击作用,从而取得夯实效果。由于机身与夯板倾斜了一个角度,所以夯机在冲击的同时会自动前进。振动冲击夯就是利用弹簧伸缩来带动整个机体上下跳动,就如皮球跳动。

第二章 中小型建筑机械设备使用管理

第一节 机械设备的选用管理

【技能要点1】合理选用机械设备

1.综合评分法

当有多台同类机械设备可供选择时,可以考虑机械的技术特点,通过对某种特性分级打分的方法比较其优劣。见表2—1中所列甲、乙、丙 3 台机械,在用综合评分法评比后,选择最高得分者(甲机)用于施工。

表 2—1 综合评分法

序号	特性	等级	标准分	甲	乙	丙
1	工作效率	A/B/C	10/8/6	10	10	8
2	工作质量	A/B/C	10/8/6	8	8	8
3	使用费和维修费	A/B/C	10/8/6	8	10	6
4	能源耗费量	A/B/C	10/8/6	6	6	6
5	占用人员	A/B/C	10/8/6	6	4	4
6	安全性	A/B/C	10/8/6	8	6	6
7	完好性	A/B/C	10/8/6	8	6	6
8	维修难易	A/B/C	8/6/4	4	6	6
9	安、拆方便性	A/B/C	8/6/4	8	6	4
10	对气候适应性	A/B/C	8/6/4	8	4	4
11	对环境影响	A/B/C	6/4/2	4	4	4
总计分数				78	70	62

2. 单位工程量成本比较法

机械设备使用的成本费用分为可变费用和固定费用，可变费用又称操作费，随着机械的工作时间变化，如操作人员工资、燃料动力费、小修理费、直接材料费等；固定费用是按一定的施工期限分摊的费用，如折旧费、大修理费、机械管理费、投资应付利息、固定资产占用费等。租入机械的固定费用是应按期交纳的租金。有多台机械可供选用时，优先选择单位工程量成本费用较低的机械。单位工程量成本的计算公式是：

$$C = (R + PX)/QX$$

式中　C——单位工程量成本；

　　　R——一定期间固定费用；

　　　P——单位时间变动费用；

　　　Q——单位作业时间产量；

　　　X——实际作业时间（机械使用时间）。

3. 界限时间比较法

界限时间（X_0）是指两台机械设备的单位工程量成本相同时的时间，由方法 2 的计算公式可知单位工程量成本 C 是机械作业时间 X 的函数，当 A、B 两台机械的单位工程量成本相同，即 $CA = CB$ 时，则：

界限时间 $X_0 = (R_b Q_a - R_{ab})/(P_a Q_b - P_b Q_a)$

当 A、B 两机单位作业时间产量相同，即 $Q_a = Q_b$ 时，则：

$$X_0 = (R_b - R_a)/(P_a - P_b)$$

由图 2—1（a）可以看出，当 $Q_a = Q_b$ 时，应按总费用多少选择机械。由于项目已定，两台机械需要的使用时间 X 是相同的。

即需要使用时间（X）= 应完成工程量/单位时间产量 = $X_a = X_b$

当 $X < X_0$ 时，选择 B 机械；$X > X_0$ 时，选择 A 机械。

由图 2—1（b）可以看出，当 $Q_a \neq Q_b$ 时，两台机械的需要使用时间不同，$X_a \neq X_b$。在二者都能满足项目施工进度要求的条件下，需要使用时间 X 应根据单位工程量成本低者，选择机械。当 $X < X_0$ 时选择 B 机械，$X > X_0$ 时选择 A 机械。

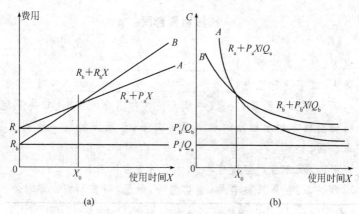

图 2—1　界限时间比较法

【技能要点 2】签订机械设备租赁合同

施工机械的内部租赁,是在有偿使用的原则下,由施工企业所属机械经营单位和施工单位之间所发生的机械租赁。机械经营单位为出租方承担提供机械、保证施工生产需要的职责,并按企业规定的租赁办法签订租赁合同,收取租赁费。

租赁合同是出租方和承租方为租赁活动而缔结的具有法律性质的经济契约,用以明确租赁双方的经济责任。承租方根据施工生产计划,按时签订机械租赁合同,出租方按合同要求如期向承租方提供符合要求的机械,保证施工需要。根据机械的不同情况,采取相应的合同形式。

(1)能计算实物工程量的大型机械,可按施工任务签订实物工程量承包合同。

(2)一般机械按单位工程工期签订周期租赁合同。

(3)长期固定在班组的机械(如木工机械、钢筋、焊接设备等),签订年度一次性租赁合同。

(4)临时租用的小型设备(如打夯机、水泵等)可简化租赁手续,以出入库单计算使用台班,作为结算依据。

(5)对外出租的机械,按租用期与承租方签订一次性合同。

机械租赁合同范本如下。

机械租赁合同

合同号_____

承租方(以下简称甲方)_____

出租方(以下简称乙方)_____

　　因甲方工程需要,根据《中华人民共和国合同法》及有关规定,为明确出租方和承租方的权利义务关系,经双方协商一致同意签订本合同。

　　甲、乙双方应严格遵守和执行本租赁合同条款。

　　第一条:租赁机械名称,规格型号,数量,租赁形式及单价:

机械名称	规格型号	台数	租赁起讫日期	租赁形式	租赁单价	停置台班单价	随机人员	备注

　　第二条:租赁用途:_____工程施工。

　　第三条:机械的维修保养:机械在租赁期间的日常维修及较大故障排除等,均由乙方随机人员或乙方派人到现场修理,其费用均由乙方承担。甲方应积极协助。

　　第四条:机械设备调迁费用:_____

　　第五条:机械租赁费的结算及计算方法:

　　机械租赁费用每_____结算一次,或机械租赁期满后一次结清。

　　计算方法:

　　1. 单机台班形式租赁:台班费+停置费

　　台班费:按司驾人员填写由工段长签认的运转记录,每8 h为一个台班计算。

　　停置费:因甲方原因(如任务不足或施工安排不合理等),而造成的机械设备整天不能工作的停工日。

　　2. 月租形式租赁:月租费-应扣费用

　　3. 应扣费用:

　　(1)因乙方机械保养、修理等原因发生的停工台班费。

(2)因气候原因影响的停工台班费。

(3)因乙方其他原因影响的停工台班费。

(4)甲方垫付的机械维修、材料及工时等费用。

第六条:双方权利和义务:

1. 甲方的权利和义务

(1)在乙方不配司驾人员的情况下,设备使用前(或运输前)甲方要对乙方设备的技术性能等方面进行验收并逐项登记,并经双方签字认可。

(2)在乙方不配司驾人员的情况下,甲方对租用的设备有管理和爱护的责任,保证设备安全,正常使用,发生丢失和损坏,要负责赔偿。

(3)甲方要按合同约定的期限交付租金。

(4)甲方没有得到乙方同意,不得将租用设备转让第三方使用。

(5)设备租用期间,因使用或技术状况差等原因,需进行大中修,或受到不可抗拒的自然灾害时,甲方要及时通知乙方修理或转移,期间所需费用由乙方承担。

不可预见的自然灾害所造成的经济损失由乙方自负。

(6)租赁期满后,甲方应及时返还租赁机械。

2. 乙方的权利和义务

(1)乙方应按合同及时将机械交给甲方使用,原则上应带随机司驾人员,司驾人员食宿由甲方提供便利,工资奖金由乙方负责支付,如确有困难,需双方商定。

(2)乙方交付给甲方的机械应符合合同要求,乙方应保证甲方按约定使用机械的权力,并服从甲方的统一调度。

(3)乙方应负责出租机械的维修保养,并保证机械的完好。

(4)乙方司驾人员要遵守国家法规,服从甲方的工作安排,积极配合,完成任务,并认真填写运转记录一式两份,由工段长签字认可,一份交机管部门统计,一份作为乙方的结算依据,在结算时由机管部门签认,交财务部门审核结算。

第七条:机械租赁合同的变更及解除:

1. 因工程或计划发生变化,租赁合同需改变租用期限,甲方应提前_____日通知乙方,经双方协商而定。

2. 租赁机械如有缺陷、技术状况差,而乙方不能及时修理的,甲方可随时解除合同。

3. 甲方未经乙方同意,擅自将机械转租给第三方,乙方有权解除合同。

第八条:安全责任:由于乙方操作不当或违章作业造成的机械事故或人身伤亡事故,由乙方自负,甲方提供必要的救助措施。

第九条:其他约定:_____

第十条:本合同未尽事宜,由双方共同协商解决。

第十一条:本合同一式四份,双方各执两份,具有同等法律效力。

承租方(盖章)　　　　　　　　出租方(盖章)

单位地址:　　　　　　　　　　单位地址:

法定代表人:　　　　　　　　　法定代表人:

委托代理人:　　　　　　　　　委托代理人:

电话:　　　　　　　　　　　　电话:

开户行:　　　　　　　　　　　开户行:

邮编:　　　　　　　　　　　　邮编:

年　月　日　　　　　　　　　年　月　日

【技能要点3】机械设备的正确使用

(1)正确使用机械是机械使用管理的基本要求,它包括技术合理和经济合理两个方面的内容。

1)技术合理。就是按照机械性能、使用说明书、操作规程以及正确使用机械的各项技术要求使用机械。

2)经济合理。就是在机械性能允许范围内,能充分发挥机械的效能,以较低的消耗,获得较高的经济效益。

(2)根据技术合理和经济合理的要求,机械的正确使用主要应达到以下三个标志。

1)高效率。机械使用必须使其生产能力得以充分发挥。在综合机械化组合中，至少应使其主要机械的生产能力得以充分发挥。机械如果长期处于低效运行状态，那就是不合理使用的主要表现。

2)经济性。在机械使用已经达到高效率时，还必须考虑经济性的要求。使用管理的经济性，要求在可能的条件下，使单位实物工程量的机械使用费成本最低。

3)机械非正常损耗防护。机械正确使用追求的高效率和经济性必须建立在不发生非正常损耗的基础上，否则就不是正确使用，而是拼机械，吃老本。机械的非正常损耗是指由于使用不当而导致机械早期磨损、事故损坏以及各种使机械技术性能受到损害或缩短机械使用寿命等现象。

以上三个标志是衡量机械是否做到正确使用的主要标志。要达到上述要求的因素是多方面的，有施工组织设计方面和人的因素，也有各种技术措施方面的因素等，图2—2是机械使用的主要因素分析，机械使用管理就是对图2—2所列各项因素加以研究，并付之实现。

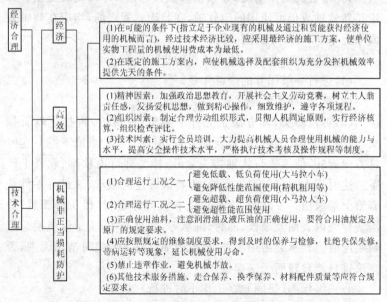

图2—2　机械正确使用的主要因素分析

第二节　机械设备的操作、使用管理

【技能要点 1】振动器的使用与维护

1. 每班保养(每班工作前、工作中、工作后进行)

(1)检视电路和开关,电气部分不能受潮或漏电,电线外层不能破裂,芯线不能裸露,开关应接触可靠,保险丝应符合规定,电动机应接地良好。

(2)检查轴承及电动机温度,轴承的温度不应高于 600 ℃,电动机的温升不应超过 600 ℃。

(3)用完后清除机体和棒头等部件表面的灰尘和污物,并放置在干燥处保管。

2. 一级保养(每隔 300 工作小时进行)

(1)进行一级保养的全部作业。

(2)着重拆检软轴,将软轴从软管中抽出。利用毛刷反复擦洗表面,并检查其磨损情况,如软轴磨损面超过 30%,则应更换。无论是新软轴或仍可使用的旧软轴,在装进软管之前,均应在软轴表面涂上 1～2 mm 厚的润滑脂。

3. 二级保养(每隔 300 工作小时进行)

(1)进行一级保养的全部作业。

(2)拆检、润滑防逆装置,使之转动灵活。

(3)拆检棒头,其方法是先拧下尖头(左螺纹)再拧下软管接头,使软轴外露。然后夹紧软轴接头,用扳手夹紧滚锥下端并逆时针方向旋转,使滚锥与软轴接头分开,棒头即可由软轴、软管上卸下。这时用木锤轻敲滚锥下端,可将滚锥连同轴承、油封等零件从套管上端取出。安装时,则按以上相反顺序进行,棒头拆卸后,要清洗棒壳内表面及滚锥、油封、轴承等,如有损坏,应予以更换。重新装配时除轴承处需加油外,棒壳内油封以下要绝对清洁无油,否则滚锥只能自转而无法起振。

4. 三级保养(每隔 600 工作小时进行)

(1)进行二级保养的全部作业。

(2)测量电机绝缘电阻值,不应低于0.5 MΩ。拆检电机,清除定子绕组上的灰垢。检查定子和转子之间有无摩擦痕迹,并清洗轴承,换用新油。

【技能要点2】砂浆机的使用与维护

1.操作要点

(1)严格掌握各种材料的配合比,工作中切忌物料内夹有粗大石粒。

(2)须待搅拌机正常运转后才能加料,禁止满荷启动,不得超负荷运转。加料时不允许将脚踏在进料口的防护铁栅上,并注意工具、绳索等不要卷入拌筒内,以免发生危险。

(3)作业中不得用手或棍棒伸进搅拌筒内或在筒口清理灰浆。

(4)工作中如遇故障或停电,应拉开闸刀开关,同时将筒内存料清出。

(5)运转中电机和轴际温度不宜过高。如发现漏浆,可旋转轴端压盖螺帽来重新压紧密封填料,但检修工作必须在停机的情况下进行。

(6)工作完毕后应将搅拌机内外清洗干净,并切断电源,锁好开关箱。

2.维护保养

(1)每班保养(每班工作前、工作中和工作后进行)。

1)清除机体上污垢,按润滑表加注规定的油料。

2)检视电路和开关,接头连接应牢固,保险丝应符合规定,开关接触应可靠,接地应良好。

3)检查皮带的松紧度,以用手指能在皮带中间按下10~15 mm为宜,各防护装置应齐备可靠。

4)调整搅拌轴两端的盘根压盖,使其紧固适当,密封良好。

5)运转前先转动搅拌机,应灵活无阻碍,出料装置要严密可靠。

6)运转中检查滚动轴承与滑动轴承的温度不应超过600 ℃,电动机及其轴承的温升不应高于600 ℃。

（2）一级保养（每隔 100 工作小时进行）。

1）进行每班保养的全部工作。

2）调整两皮带轮使之保持在同一平面上，三角带不应破损，必要时更换。

3）检查减速箱油面高度，蜗轮以侵入油中 1/3 为宜。

4）紧固各部螺栓，调整搅拌叶和搅拌筒之间的间隙，使之保持在 6～10 mm，行走轮要转动灵活。

5）检查搅拌轴两端盘根，应松紧适宜，如有破损或硬化，应立即更换。

（3）二级保养（每隔 600 工作小时进行）。

1）进行一级保养的全部工作。

2）测量电机绝缘电阻值不应低于 0.5 MΩ。拆检电动机，清除定子绕组上的灰垢，检查定子和转子之间有无摩擦痕迹。清洗轴承。加注新润滑脂。

3）拆检泵体，清洗水泵轴、轴承、叶轮、泵壳、水封环等。疏通泵壳内的不封环小孔，检查叶轮两端与吸水口填环和吸水背侧填环间的径向间隙应为 0.1～0.15 mm，滚动轴承的径向间隙应不大于 0.15 mm，滑动轴承间隙应为 0.07～0.10 mm。

4）清理或更换填料，检查压盖与轴颈之间的间隙应为 0.4～0.5 mm，压盖外周与座之间的间隙为 0.1～0.2 mm，装置填料时相邻两圈对口处应错开 120 ℃～180 ℃、压盖螺栓紧固时要用力均匀。

【技能要点 3】交流弧焊机的使用与维护

维护保养如下。

（1）每班保养（每班工作前、工作中和工作后进行）。

1）检查导线，要求芯线不准裸露，一次线必须用胶皮线，二次线应使用电焊把线，同时后者比前者的截面一般应大 30%，接头处应装上铜鼻子。

2）检查开关，装上规定的保险丝，开关接触点处要吻合，表面不准烧伤。

3)检查外罩和接地装置,应设置齐全,牢固可靠。

4)检查一、二次回路接线柱,表面不准有烧损。装接头时,上下面应先垫置铜垫圈,然后拧紧螺母。绝缘板不准有破裂和烧损。

(2)一级保养(每隔 500 工作小时进行)。

1)进行每班保养的全部工作。

2)清除线圈上的灰尘,紧固铁芯夹箍螺栓和接线柱内侧螺母,线圈和接线头应排列整齐。

3)清洗调节器螺丝杆,并涂抹新润滑脂。

4)利用 500 V 摇表测定绕组绝缘电阻值应不低于 $1.4\ \mathrm{M\Omega}$,否则应予以干燥。

【技能要点 4】塔式起重机的使用与维护

1.塔式起重机使用管理注意事项

(1)塔式起重机使用单位无条件接受上级主管部门(劳动局、建设局等)定期、不定期的检查监督。

(2)塔式起重机使用部门(工地)应主动并积极地接纳公司生产科的业务指导和各项必要的检查监督。

(3)使用塔式起重机的工地应设立塔式起重机管理负责人,该负责人负责全部塔式起重机使用的各项管理工作。塔式起重机管理负责人的任命应取得公司设备管理部门的认可并登记备案。

(4)塔式起重机使用应配备足够的工作人员(操作人员、指挥人员及维修人员)。所有工作人员应具备上岗证书,并按政府主管部门要求进行复验,所有工作人员的聘用应取得公司生产科的认可并登记备案。

(5)塔式起重机管理、操作、指挥、维修人员应充分胜任所担负的工作,熟悉使用的塔式起重机的性能特点和作用要求,工作认真负责。

(6)进行塔工起重机操作的工作人员的连续工作时间不应超过 6 h,每日累计工作时间不应超过 8 h。

(7)塔式起重机管理应建立技术档案,包括以下内容。

1)产品合格证。

2)生产许可证(复印件及其他证明材料)。

3)安装验收资料。

4)使用说明书。

5)塔式起重机的安装基础图。

6)操作人员当班记录。

7)维修、保养、自检记录。

8)各工作人员资格证明材料(如上岗证等)。

2.塔式起重机维护保养

日常保养每班进行,由操作司机负责。日常保养具体时间可以在工作班的间歇进行,也可以在交接班过程中进行。保养时必须切断电源,使机器停止运转。

(1)工作班前的保养工作内容如下。

1)清除轨道上的障碍物。

2)检查制动系统是否可靠。

3)检查各减速器润滑油情况。

4)检查螺栓连接有无松动,并及时拧紧。

5)检查各安全装置,必须完整有效。

6)检查电缆有无破损,并对破损处及时包扎。

(2)工作班中的保养工作内容如下。

1)注意细听各大工作机构运转中有无异响。

2)注意细听电动机、制动器、接触器有无异常的声音。

3)塔机停歇时,仔细检查轴承、电动机、制动电磁铁以及电阻片的温升情况。

4)塔机停歇时,留心检查制动系统。

(3)工作班后的保养工作内容如下。

1)清扫驾驶室。

2)切断电源,锁好驾驶室门窗。

3)认真填写当班记录。

第三章　中小型建筑机械设备的修理

第一节　机械设备修理的一般工艺

【技能要点1】接收待修机械

设备使用单位应按修理计划规定的日期,在修前认真做好施工生产任务的安排。对由企业机修车间和企业外修单位承修的设备,应按期移交给修理单位,移交时,应认真交接并填写"设备交修单"(见表3—1)一式两份,交接双方各执一份。

表3—1　设备交修单

设备编号		机械名称		型号规格		
交修日期	年　月		日	合同名称、编号		
随机移交的附件及专用工具						
序号	名称	规格		单位	数量	备注
1						
2						
3						
……						
10						
需记载的事项						
使用部门	部门名称			部门名称		
	负责人			负责人		
	交修人			接收人		

注:本表一式二份,使用部门、承修单位各执一份。

设备竣工验收后,双方按"设备交修单"清点设备及随机移交的附件、专用工具。如果设备在安装现场进行修理,使用单位在移交设备前,应彻底擦洗设备,并为修理作业提供必要的场地。

由设备使用单位维修班组承修的小修或项修,可不填写"设备交修单",但也应同样做好修前的施工生产安排,按期将设备交付修理。

【技能要点 2】机械拆卸

(1)做好拆卸前的准备工作。工程机械的种类和型号较多,在认清其构造、原理和各部分的性能前,不要拆卸。应先制定拆卸顺序和操作方法,一般是先外后内、先总成后部件。

(2)根据需要确定拆卸的零部件。能不拆者尽量不拆,对于不拆卸的部分必须经过整体检验,确保使用质量,否则,使隐蔽缺陷会在使用中发生故障或事故。

(3)选择好拆卸的工作地点。机械在进入拆卸地点前,应进行外部清洗。机械进入指定地点后,应先顶起机身,用垫木垫牢,并趁热放尽各机构的润滑油、工作油、燃油和冷却水。

(4)要使用合适的工具、设备。拆卸时所用的工具一定要与被拆卸的零件相适应,避免因工具不合适而乱敲乱打,造成零件变形或损坏。必须了解机械各总成及部件的质量,正确使用起重设备,保证安全拆卸。

(5)拆卸时应为装配工作创造条件。拆卸时对非互换性的零件,应作记号或成对放置,以便装配时装回原位,保证装配精度和减少磨损;拆开后的零件,均应分类存放,以便查找,防止损坏、丢失或弄错。在工程机械修理中,由于机种型号繁多,一般均应按总成、部件存放。

【技能要点 3】机械零件清洗

清洗是修理工作中的一个重要环节,清洗质量对机械的修理质量影响很大。零件清洗包括油污、旧漆、锈层、积炭、水垢和其他杂物等污渍的清洗。由于这些污垢物的化学成分和特性各不相同,其清除方法也各不一样。

（1）清除油垢。

常用清除油垢的方法及应用特点见表3—2。

表3—2　常用清除油垢方法及应用特点

清洗方法	配用清洗液	主要特点	适用范围
擦洗	煤油、清柴油或水基清洗液	操作方便,不需要作业设备,但生产效率低,安全性差	单件、小型零件及大型件的局部
浸洗	碱性 BW 液或其他各种水基溶剂清洗夜	设备简单、清洗时间长	形状复杂的零件或油垢较厚的零件
喷洗	除多泡沫的水基清洗液外,均可使用	工件和喷嘴之间有相对运动,生产效率高,但设备较复杂	形状简单且批量较大的零件,可清洗半固态油垢和一般固态污垢
高压喷洗	碱性液或水基清洗液	工作压力一般在 7MPa 以上除油污能力强	油污严重的大型工件
电解清洗	碱性水基清洗液	清洗质量优于浸洗,但要求清洗液为电解质,并需配直流电源	对清洗要求质量较高的零件,如电镀前的清洗
气相清洗	三氯乙烯、三氯乙烷、三氯二氟乙烷	清洗效果好、工件表面清洁度高,但设备较复杂,且安全性要求高	对清洗要求质量较高的零件
超声波清洗	碱性液或水基清洗液	清洗效果好、生产效率高,但需要成套超声波清洗装备	形状复杂并清洗要求高的小型零件

注:1. 清洗液的种类很多,有碱溶液、合成水基清洗液、化学除油溶液以及电化学除油的电解溶液等,应根据所使用的清洗方法来选用不同的清洗液。

2. 零件经过清洗后,在任何部位都不应残存油脂凝块。

3. 清洗后零件的光洁表面应擦拭干净,不得有油水存在。

4. 已清洗的零件,在运送过程或保管时,必须保持运送工具和盛器的清洁,不得染污;存放地点应注意防潮,以免日久生锈。

（2）清除锈。

锈是金属表面与空气中的氧、水分和腐蚀性气体接触而产生的氧化物和氢氧化物。零件修理时必须将表面的锈蚀产物清除干净。可根据具体情况,采用机械除锈、化学除锈或电化学除锈等方法。具体见表3—3。

表3—3 常用除锈方法、应用特点

项目		除锈方法及主要特点
机械除锈	手工机具除锈	靠人力用钢丝刷、刮刀、砂布等刷刮或打磨锈蚀表面,清除锈层。此方法简单易行,但劳动强度大,效率低,除锈效果不好,在缺乏适当除锈设备时采用
	动力机械除锈	利用电动机、风动机等作动力,带动各种除锈工具清除锈层。如电动磨光、刷光、抛光或滚光等。应根据零件形状、数量、锈层厚薄、除锈要求等条件选择
	喷砂除锈	喷砂除锈就是利用压缩空气把一定粒度的砂子,通过喷枪喷在零件锈蚀表面,利用砂子的冲击和摩擦作用,将锈层清除掉。此法主要用于油漆、喷镀、电镀等工艺的表面准备,通过喷砂不仅除锈,而且使零件表面达到一定粗糙度,以提高覆盖层与零件表面的结合力
化学除锈		化学除锈又称侵蚀、酸化,是利用酸性(或碱性)溶液与金属表面锈层发生化学反应使锈层溶解、剥离而被清除
电化学除锈		电化学除锈又称电解腐蚀,是利用电极反应,将零件表面的锈蚀层清除
二合一除油除锈剂		除锈二合一除油除锈剂是表面清洗技术的新发展,可以对油污和锈斑不太严重的零件同时进行除油和除锈。使用时应选用去油能力较强的乳化剂。如果零件表面油污太多时,应先进行碱性化学除油处理,再进行除油、除锈联合处理

注:阳极除锈适用于高强度和弹性要求较好的金属零件;阴极除锈适合于氧化层致密、尺寸精度要求较高的零件。生产中常采用阴、阳极除锈交替进行,既可缩短侵蚀时间,又可保证尺寸精度及减轻氢脆。

(3)清除积炭。

积炭是由于燃油和润滑油在燃烧过程中不能完全燃烧而形成的胶质,它积留在发动机一些主要零件上,使导热能力降低,引起发动机过热或其他不良后果。在机械修理中,必须彻底清除。通

常采用机械法或化学法清除。具体见表3—4。

表3—4　常用除积炭方法、应用特点

项目		除积炭方法及主要特点
机械法清除积炭		一般在积炭层较厚或零件表面光洁度要求不严格时采用,有刮刀或金属丝刷清洗和喷射带砂液体清除两种方法。此方法简单易行,但劳动强度大,效率低且容易刮伤零件表面
化学法清除积炭	无机退炭	无机退炭剂毒性小、成本低,但效果差,且对有色金属有腐蚀性,主要用于钢铁零件。无机退炭剂配方见表3—5
	有机退炭	有机退炭剂退炭能力强,可常温使用,对有色金属无腐蚀性,但成本高,毒性大,适用于有色金属及较精密零件。有机退炭剂配方见表3—6

表3—5　常用无机退炭剂配方(单位:kg)

原料名称	钢件和铸铁件			铝合金件		
	配方1	配方2	配方3	配方1	配方2	配方3
苛性钠	2.5	10	2.5	—	—	—
碳酸钠	3.3	—	3.1	1.85	2.0	1.0
硅酸钠	0.15	—	1.0	0.85	0.8	—
软肥皂	0.85	—	0.8	1.0	1.0	1.0
重铬酸钾	—	0.5	0.5	—	0.5	0.5
水(L)	100	100	100	100	100	—

表3—6　常用有机退炭剂配方

原料名称	煤油	汽油	松节油	苯酚	油酸	氨水
含量(%)	22	8	17	30	8	15

(4)清除水垢。

水垢是由于长期使用硬水或含杂质较多的水形成的。清除的方法以酸溶液清洗效果较好,但酸溶液只对碳酸盐起作用。当冷却系统中存在大量硫酸盐水垢时,应先用碳酸钠溶液进行处理,使硫酸盐水垢转变为碳酸盐水垢,然后再用酸溶液清除。

1)对于铸铁气缸盖的发动机,除垢时可直接将酸溶液注入冷却系统中,取下节温器后低速运转20~40 min,即可将冷却系中的水垢全部除去。酸溶液除垢后要全部放净,并用清水冲洗干净。

2)对于铝质气缸盖的发动机,有两种清除水垢的溶液,一种是在每升水中加入硅酸钠 15 g、液态肥皂 2 g 的溶液;另一种是在每升水中加入 75～100 g 石油磺酸的溶液。除垢时也可直接将溶液注入发动机冷却系统,使发动机在正常温度下运转。其中第一种溶液需运转 1 h,第二种溶液需运转 8～10 h 然后放净溶液,并用清水冲洗干净。

热的酸溶液与水垢作用时会产生飞溅,并排出有害气体。操作人员应戴耐酸手套和防护眼镜、口罩等防护用品。

【技能要点 4】机械设备检验

(1)解体检查。设备解体后,由主修技术人员与修理人员密切配合,及时检查零部件的磨损、失效情况,特别要注意有无在修前未发现或未预测的问题,并尽快发出以下技术文件和图样。

1)按检查结果确定的修换件明细表。

2)修改、补充的材料明细表。

3)修理技术任务书的局部修改与补充。

4)按修理装配和先后顺序要求,尽快发出临时制造的配件图样。计划调度人员会同修理工(组)长,根据解体检查的实际结果及修改补充的修理技术文件,及时修改和调整修理作业计划,并将作业计划张贴在作业施工的现场,以便于参加修理的人员随时了解施工进度要求。

(2)生产调度。修理工(组)长必须每日了解各部件修理作业的实际进度,并在作业计划上做出实际完成进度的标志(如在计划进度线下面标上红线)。对发现的问题,凡本工段能解决的应及时采取措施解决,例如,发现某项作业进度延迟,可根据网络计划上的时差,调动修理人员增加力量,把进度赶上去;对本班组不能解决的问题,应及时向计划调度人员汇报。

计划调度人员应每日检查作业计划的完成情况,特别要注意关键线路上的作业进展,并到现场实际观察检查,听取修理工人的意见和要求。对工(组)长提出的问题,要主动与技术人员联系商讨,从技术上和组织管理上采取措施,及时解决。计划调度人员,还应重视各工种之间的作业衔接,利用班前、班后各种工种负责人参加的简短"碰头会"了解情况,这是解决各工种作业衔接问题的好办法。总之,要做到不发生待工、待料和延误进度的现象。

(3)工序质量检查。修理人员在每道工序完毕经自检合格后,须经质量检验,确认合格后方可转入下道工序。对重要工序,质量检验员应在零部件上做出"检验合格"的标志,避免以后发现漏检的质量问题时引起更多的麻烦。

(4)临时配件制造进度。修复件和临时配件的修造进度,往往是使修理工作不能按计划进度完成的主要因素。应按修理装配先后顺序的要求,对关键件逐件安排加工工序作业计划,找出薄弱环节,采取措施,保证满足修理进度的要求。

【技能要点5】机械设备修理后的质量检验及过程检验

1.质量检验

机械设备的修理质量是衡量修理水平的主要指标,也是关系到修理单位能否生存、发展的关键。修理质量的检验依据是《机械修理规范》和《机械修理质量标准》。对于已修完出厂的机械设备,如发生修理质量事故,应实行包修、包换、包赔的三包制度。修理质量的检验内容包括一般预防性检验、修理程序检验和零件制配检验。

(1)一般预防性检验指购进的材料、配件须经检验人员抽检,合格后才能入库。成批原材料须经检验人员查验生产厂提供的牌号、成分等合格证书后,符合要求才能投产。对在用仪器、量具、工装夹具、刀具等,应送质量检验部门或有关权威性检测机构定期检查、鉴定或校验。

(2)修理程序检验按照修理工艺流程分为进厂检验、解体检验、修理过程和修竣检验。零件制配检验,要求在每一道工序完成后,由制作人自检、班组长抽检,重要的工序应由专职检验人员复检合格后才能进入下一道工序。

(3)零件加工完毕后,须经专职检验人员复检合格并在成品检验单上签章后方能装配或办理入库手续。

各级修理单位都应建立质量管理和质量保证体系,按照全面质量管理的方法进行工作,建立健全质量检验机构和检验制度。

2.过程检验

(1)加工工序检验。这是按照零件加工工艺卡片规定的技术要求,在加工工序间进行的检验。

(2)组合工序检验。这是在零件组合为合件、组合件、总成的各个工序中,按照零件修换及装配标准进行的检验。

(3)总成检验。这是对组装后的总成,按其技术性能的要求进行的检验。必要时应通过专用设备进行运转试验,以测定其功能。

(4)总装配检验。这是在各总成装配成整机时按工序进行的检验。

过程检验是发现工序过程质量事故、保证修理质量的关键检验阶段。应实行承修人自检、班组长抽检和检验员复检相结合的"三检制"。经检验不合格的工件不得流入下一工序,不合格的总成不得装用。

【技能要点6】机械装配

(1)做好装配前的准备工作,熟悉机械零部件的装配技术要求;清洗零部件。对经过修理和换新的所有零件,在装配前都应进行试装检查;确定适当的装配地点并备齐必须的设备、工具及仪器等。

(2)选择正确的配合方法,分析并检查零件装配的尺寸链精度,通过选配、修配或调整来满足配合精度的要求。

(3)选择合适的装配方法和装配设备。

(4)对所有偶合件和不能互换的零件,应按拆卸、修理或制造时所作的记号成对或成套装配,不允许错乱。对高速旋转有平衡要求的部件(如曲轴、飞轮、传动轴等),经过修理后,应进行平衡试验。长轴及长丝杆等细长零件,不论是新品或旧品,均应检查其平直情况。

(5)各组合件在装配时,应注意零件的失圆度、弯曲度、不同心度、不平行度以及不平度、不垂直度等允许偏差积累,避免装配后的间隙或偏差超过装配技术要求的限度。因此,在装配时,应注意选配。

(6)注意装配中的密封,采用规定的密封结构和材料。注意密封件的装配方法和装配紧度,防止"三漏"。

(7)每一部件装配完毕,必须检查和清理,防止有遗漏未装的零件;防止将多余零件封闭在箱壳之中,造成事故。

【技能要点7】机械大修后的磨合试验

大修后的主要总成,必须进行磨合运转,使零件表面的凸峰被逐渐磨平,以增大配合面积,减小接触应力,提高零件承载能力,从而降低磨损速度,延长使用寿命。

1. 发动机的磨合试验

发动机的磨合分三个阶段进行,即冷磨合、无载荷热磨合和载荷热磨合。

(1)冷磨合。冷磨合是将不装气缸盖的发动机安装在磨合试验台上,用电动机驱动进行磨合。开始以低速运转,然后逐渐升高到正常转速的 $1/2 \sim 2/3$。但其中高速时间不宜过长。磨合持续时间根据发动机装配质量,在 40 min 到 2 h 内选择。

磨合过程中,如发现局部过热、异响等不正常现象,应立即停止磨合,待故障排除后,方可继续进行。

冷磨后要对主要组合件进行检验,观察气缸、曲轴等滑动配合表面的光洁度和有无拉毛及偏磨情况。磨合合格后,将发动机装配全齐,更换润滑油并清洗滤清器,为热磨合做好准备。

(2)无载荷热磨合。启动发动机,在无载荷情况下运转,从额定转速的 1/2 逐渐升高到 3/4 左右,总运转时间不超过 0.5 h。

磨合过程中应听诊发动机的声音;检查组合件的发热程度和运转的平稳性;观察各仪表的读数是否正常,润滑油温不应超过 80 ℃。

磨合后应对气门间隙按热车规范进行调整,拧紧气缸盖螺母。

(3)载荷热磨合。载荷热磨合的磨合时间,可参照下列范围。

额定载荷的 15%～20%,磨合时间为 5～10 min。

额定载荷的 50%~70%,磨合时间为 10~20 min。

满载荷,磨合时间为 5~10 min。

检验发动机全部磨合终了后,应进行检查。如发现某些缺陷和故障,应排除后按规定要求装复。

2.变速器的磨合和试验

(1)变速器磨合的目的在于改善齿面的接触精度,提高齿轮运转的平稳性;同时检查动力传递的可靠性、操作的灵活性以及有无发热、噪声、漏油等现象。

(2)变速器各挡的磨合和试验应在空载和载荷两种情况下进行,加载程度应逐步递增,并尽可能达到正常工作载荷程序,但加载时间不宜过长。总的磨合时间主要应取决于每一挡位齿轮的原始啮合状况,一般空载磨合时间在 2 h 以内,载荷磨合时间在 20 min以内。磨合时的主轴转速应近似于发动机的额定转速。

(3)将变速器装到磨合试验台上,加入适当的润滑油,在磨合高耐磨合金钢齿轮时还要先加入研磨膏,然后启动电动机进行磨合。在磨合过程的同时进行各项检查,注意分辨齿轮的声响。每一挡的声响达到正常要求时,即可转入另一挡,直至全部挡位合格。如由于变速器壳体发生严重变形而产生较大的噪声,应先修复后再进行磨合。

注意,为使磨合过程时间短,磨损量少,必须注意下列要求。

1)磨合过程的载荷和转速必须从低到高,经过一定时间的空载低速运转,然后分级逐渐达到规定转速并不低于 75%~80%的额定载荷。

2)针对新装组合件间隙较小和摩擦阻力较大的特点,正确选用流动性和导热性较好的低黏度润滑油。

【技能要点 8】机械设备修竣验收

机械设备修竣后,由修理单位会同送修单位共同进行技术试验,达到机械大修验收技术标准的要求方能办理修竣出厂的手续。

1.修竣出厂的验收内容

(1)外部检查。主要检查机械设备装配的完善性,其中包括润滑、紧固、渗漏现象的抽查。

(2)空载运转试验和负荷试验。测试机械设备的动态性能,包括启动性能、操纵性能、制动性能和安全性能,是否达到机械设备正常使用的技术要求。通过试验发现并排除缺陷和故障,进行必要的调整和紧固工作。

2.修竣出厂验收的程序

设备大修理完毕后经修理单位试运转并自检合格,经设备管理部门、质量检验部门和使用单位的代表一致确认后,由各方代表在"设备修理竣工报告单"(见表3—7)上签字验收。

(1)做好修竣出厂验收的准备工作,对修竣机械进行一次全面的检查、清洁、润滑、调整、紧固工作。

(2)进行修竣出厂验收,经试验验收合格后,由承修单位填写机械设备修竣验收单并附主要部件和总成的装配检验记录、检查验收记录等资料。

(3)对于由于客观条件的限制,未达到质量标准的零部件和总成,应加以说明,征得送修单位同意后办理签字手续。

修理单位在机械设备修竣出厂之后,还应做好修后服务。修理单位应在一定期限内,保证修竣机械设备达到规范要求的使用性能和良好的使用状态,这一期限称为大修保证期。在保证期内,如果修竣的机械设备发生一般故障,经调整即能排除者,应由使用单位自行解决;如果发生较大的变化,则应由送修单位通知修理单位共同检查、分析原因,明确责任,根据对使用单位造成损失的程度,向修理单位提出索赔要求或由修理单位负责返修。

表3—7 设备修理竣工报告单

设备编号	机械名称		型号与规格		复杂系数	
					JF	DF
设备类别	精大重稀	关键 一般	修理类别		施工令号	
修理	计划		年 月 日至 年 月 日共停修 天			
	实际		年 月 日至 年 月 日共停修 天			

续上表

修 理 工 时　(h)					
工种	计划	实际	工种	计划	实际
钳工			油漆工		
电工			起重工		
机加工			焊工		

修 理 费 用　(元)					
名称	计划	实际	名称	计划	实际
人工费			电气修理费		
备件费			劳务费		
材料费			总费用		

修理技术文件及记录	1. 修理技术任务书　　份。	4. 电气检查记录　　份。
	2. 修换件明细表　　份。	5. 试车记录　　份。
	3. 材料表　　份。	6. 精度检查记录　　份。

主要修理及改装内容	
逗留问题及处理意见	

验收意见	验收单位		修理单位	质检部门检验结论
	使用单位	操作者	计划调度员	
		机动员	修理部门	
		主管	机修工程师	
	设备管理部门代表		电修工程师	
			主管	

第二节　机械零件的修复工艺

【技能要点1】焊接修复工艺

焊接修复是修理生产中的一种重要工艺。它是利用焊补、堆焊、钎焊等方法,修复零件的损坏和磨损部位。据统计,在建筑机械中,有50%的零件可以采用焊修。焊接修复的优点是能焊修不同金属材料的零件;因堆焊层厚度较大,适于修补磨损大的零件;焊层与基体结合牢固;采用不同的材料和工艺,可得到不同强度和硬度的焊层;可以移动作业;节约金属,生产成本低,生产率高。

焊接修复也存在很多必须注意的问题,焊修时零件局部受热,易产生变形、裂纹和应力集中,若处理不当可造成零件报废;焊修时可能产生气孔、夹渣等影响质量的因素;焊后硬化造成加工困难等。所以在焊接修复时必须在工艺上采取防裂、防变形、防应力集中和防硬化等措施。

焊接修复时,应了解被修零件的材料、性能、热处理性和工作条件,正确选择焊接方法、焊接材料,做好焊前准备工作,严格按照焊接规范施焊,对于重要的零件在焊修时应焊前预热和焊后进行热处理,并设法减少母材熔入焊缝层的比例。

焊接修复主要应用在以下方面:重接裂断的零件,并增强裂口处的强度;焊补裂纹、穿孔;消除漏气、漏油、漏水现象;堆焊磨损表面,恢复尺寸并增加耐磨、耐腐蚀、耐高温的表层。常见的焊接方法有焊条电弧焊、气焊、钎焊、振动堆焊、埋弧堆焊、气体保护堆焊、等离子弧堆焊等。

1. 钢零件的焊修

由于钢材含碳量及其他含金量的不同,可焊性差异很大。钢零件的含碳量愈高,出现裂纹的倾向就愈大,可焊性也愈差;常用合金元素含量增加,可焊性愈差。但少量的钛、铌等对可焊性有利。

2. 铸铁的补焊

由铸铁制造的各种零件(如气缸体、缸盖、曲轴、凸轴、后桥外壳、齿轮箱壳以及各种支座、壳体),常常会发生开裂、缺损或局部磨损等损坏,需要采用补焊措施进行修复。

选择补焊方法时,应考虑零件的特点、要求(如零件的材料、大小、厚度、缺陷类型,以及强度、硬度、加工性等)和修理单位的具体情况(如设备条件、材料来源、焊工技术水平等)。常用的焊接方法见表3—8。

表 3—8   常用铸铁补焊方法

焊接方法	分类	特　点
气焊	热焊法	焊前预热至 600 ℃以上施焊,焊后在 650 ℃～700 ℃保温,采用铸铁填充料,焊件内应力小,不易裂,可加工
	冷焊法	焊前不预热,焊后缓冷。用铸铁填充料,不易裂,可加工
电弧焊	热焊法	采用铸铁芯焊条,温度控制同气焊热焊法,焊后不易裂,可加工
	半冷焊法	采用钢芯焊条,预热到 400 ℃,焊后缓冷,加工性不稳定
	冷焊法	采用非铸铁组织的焊条,焊前不预热,焊后性能因焊条而异
钎焊		用气焊火焰加热,铜合金做钎材,母材不熔化,焊后不易裂,加工性好,强度因钎材面异

钎焊是指在焊修过程中基体金属基本不熔化,靠钎料熔化、润湿、扩散并填满缺陷部分而形成焊缝的一种焊接方法。常用于修复散热器、管道、燃油箱、电器等。

3. 堆焊

堆焊是应用焊接方法在工件表面堆敷一层金属以使工件的某个尺寸得到增加或获得某种表面特性的方法。在建筑机械修理中,广泛应用堆焊的方法使磨损零件恢复尺寸和几何形状或获得一层耐磨、耐腐蚀的表面以提高寿命。

堆焊作为焊接工艺的一种方法,其工艺原理、过程与焊接相同。

【技能要点 2】压力加工修复工艺

压力加工修复零件的工艺是利用金属在外力或热应力的作用下的可塑性来恢复零件磨损部位的尺寸和几何形状。根据金属可塑性的不同,压力加工可以在常温或热状态下进行。

常用的压力加工修复零件的工艺有镦粗法、校正法、扩张法、缩小法、挤压法等。

1. 镦粗法

镦粗法是借助压力来增加零件的外径，以补偿外径的磨损部分，主要用来修复有色金属套筒和滚柱形零件。如图 3—1 所示，镦粗法压力作用的方向与塑性变形方向相垂直，以减少零件的高度来补偿磨损的外、内径尺寸。

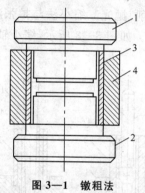

图 3—1　镦粗法

1—上模；2—下模；3—铜套；4—轴承

用镦粗法修复零件，零件被压缩后的缩短长度不应超过原长度的 15%。为使全长镦粗均匀，其长度与直径比例不应大于 2，否则不适宜采用这种方法。

镦粗法可修复内径或外径磨损量小于 0.6 mm 的零件，对必须保持内外径尺寸的零件，可以采用镦粗法补偿其中一项磨损量后，再采用别的修复方法保证另一项恢复到原来尺寸。

根据零件具体形状及技术要求，可做简易模具保证所需的尺寸要求，尤其是对批量零件的修复更为有利，可提高效率，保证质量。设备一般可采用压床、手压床或用锤手工敲击。

2. 校正法

校正法通过对零件施加压力或加热使变形得以校正。通常有压力校正和火焰校正等。静压力校正（直）是将零件放在 V 形架上，将零件朝与变形相反的方向压弯，压弯量应适当超过校正量，并保持 1~2 min。火焰校正是将轴弯曲部分的最高点用中性焰加热到 1 500 ℃以上，然后迅速冷却。由于冷却收缩量大于热胀量，故轴被校正。

3.扩张法、缩小法

如图 3—2 所示，扩张法通过扩张内孔，使外径尺寸增大。例如活塞销，先高温回火（650 ℃～700 ℃，保温 1～1.5 h），后用10～20 t 压力机扩张，冲头直径比活塞销内孔大 0.4～0.6 mm，最后重新热处理（调质）、磨削、抛光。缩小法与扩张法相反，通过缩小外径，使内径随之缩小。如图 3—3 所示，缩小轴套，先切开，再入模具缩小，再焊接切口。

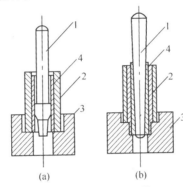

图 3—2　扩张活塞销

1—冲头；2—活塞销；3—模具座；4—胀缩套

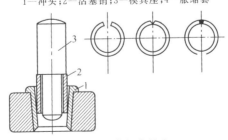

图 3—3　青铜套缩小

1—压模；2—青铜套；3—冲模

4.挤压法

利用压力将零件不需严格控制尺寸部分的材料挤压到受磨损的部分，主要适用于筒形零件内径的修复。一般都需利用模具进行挤压,挤压零件的外径,以缩小其内径,再进行加工以达到恢复原尺寸的目的。根据材料塑性变形性的大小和需挤压量数值的大小,来确定模具入口斜度的大小。模具也可做成分段,如图 3—4 中所示Ⅰ、Ⅱ、Ⅲ,这样更便于挤压成形。

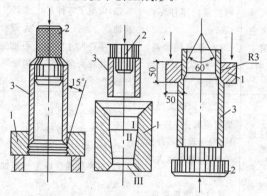

图 3—4　挤压(单位:mm)
1—模子;2—冲头;3—零件

当金属的塑性变形性质低时,挤压段的锥度可采用 10°~20°(当挤压值大时)或 30°~40°(当挤压值小时);对塑性变形性质高的材料,斜度可采用 60°~70°。当挤压值很大时,也可使用两个模子。如图 3—4 所示的模子形状,最适于挤压青铜套筒。模子孔内径尺寸为套筒外径值减去两倍的套筒磨损值及挤压储备值(约 0.2 mm)。挤压时可使用压床或用锤均匀敲击,至达到要求为止。

【技能要点 3】机械加工修复工艺

用机械加工法修理零件必须考虑加工表面的形状精度要求,以及加工表面与其他不修理加工表面之间的相互位置精度要求。

具体的修复工艺和修理方法比较多,可根据零件的结构特点、磨损程度、工作条件、材料性质等作出选择,表 3—9 列举了各种修理方法的优缺点、适用对象和工艺性能,供参考。

表3—9　一般机械加工法

机械加工修理法	优点	缺点	适用零件举例
修理尺寸法（不管原有尺寸如何,仅恢复它的配合,使其工作性能不减弱）	(1)可充分利用原零件的金属,使复杂而贵重的零件寿命延长; (2)修复质量高,工作可靠,方法简单、经济	(1)需修理或更换相配合的零件; (2)限制了零件互换性; (3)零件尺寸变化较大,往往会削弱零件强度	曲轴、气缸、活塞、气门、活塞销、大部分工程机械不重要的销轴和销座等
附加零件法（镶进一个附加零件,以补偿被磨损或切削去的部分）	(1)可以修复严重磨损的配合零件; (2)修理中零件免于高温,避免退火的影响; (3)修理质量高,可以重复修复,使基本零件使用期延长	(1)仅用于零件构造上允许减小或增大尺寸时使用; (2)对零件强度影响大; (3)修复内容较为繁琐	一般轴、孔的修复
局部更换法（将需要修复的零件上某一部位的金属除去,换上一个新的部分）	(1)修理质量高; (2)节省材料	(1)工艺复杂; (2)对硬度大的零件加工困难	半轴或其他带花键的轴(更换花键部分)

【技能要点 4】电镀修复工艺

电镀是利用电解的方法,使电解液中的金属离子还原成金属原子,并沉积在零件表面上形成金属镀层的一种技术。电镀原理如图3—5所示,被镀零件作为阴极悬挂于电解液(除了镀铬时采用铬酸溶液外,一般均为镀覆金属的盐溶液)中,通入直流电后,阴离子移向阳极,到达阳极时放出多余电子而成为中性原子或分子;阳离子(金属和氢离子)移向阴极,到达阴极时取得缺少的电子,成为中性状态的金属和氢气,金属则堆积于零件表面。

电镀作为一种修复技术,通常用于修复磨损失效的零件或提高零件工作表面的抗磨性和防腐蚀性,以及其他用途。常用的电镀有电刷镀、镀铬、低温镀铁、镀镍、镀铜、涂镀等。

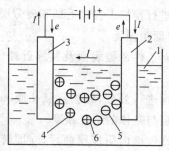

图3—5 电镀原理示意图

1—电解液;2—阳极;3—阴极;4—阳离子;5—阴离子;6—中性原子(或分子)

1.电刷镀

电刷镀不需要镀槽,具有工艺灵活,镀液种类多,沉积速率高,特别适于在现场实施刷镀等优点。主要应用范围为修复零件表面,恢复尺寸或几何形状,实施超差品补救;填补零件表面上的划伤、凹坑、斑蚀、空洞等缺陷。

电刷镀的工艺过程及要点有以下几项。

(1)镀底层在刷镀工作层前,首先刷镀很薄一层(0.01～0.02 m)特殊镍、碱铜或低氢脆镉作底层,提高镀层与基体的结合强度,避免某些酸性镀液对基体金属的腐蚀。

(2)刷镀工作层正确选定镀层的结构和每种镀层的厚度。当镀层厚度较大时,通常选用两种或两种以上镀液,分层交替刷镀,得到复合镀层。

(3)镀后处理刷镀工件用自来水彻底清洗,用吹风机吹干,并涂上防锈油或防锈液。

注意,电镀前应用活化液对工件表面进行处理,提高镀层与基体的结合强度。

2.镀铬

镀铬层具有抗磨、减磨、防腐等优良性能,因此在相当大的程度上能改善修复零件的质量,特别是提高表面耐磨性。

镀铬工艺在镀槽内进行，其工艺过程由镀前准备、下槽施镀和镀后处理三个顺序阶段组成。

（1）工件表面进行预加工去除毛刺和疲劳层，并获得正确的几何形状和较低的表面粗糙度。

（2）电净处理对工件欲镀表面及其邻近部位用电净液进行精除油。

（3）对工件表面进行处理，以去除氧化膜和其他污物，使金属表面活化，提高镀层与基体的结合强度。

（4）施镀工件在镀槽内阳极腐蚀后，立即转接为阴极（通过转换开关），进入正常镀铬。

（5）镀层的检查和处理施镀至规定的时间，将镀件从镀槽中取出，冲洗零件及挂具沾留的镀铬液后，进行镀层质量检查。测量镀层的厚度和均匀性，观察镀层表面状态及色泽。

最后根据镀层尺寸、几何形状和粗糙度要求，进行磨削加工。

3. 低温镀铁

低温镀铁主要用于修复在有润滑的一般机械磨损条件下工作的动配合件的磨损表面，以及静配合磨损表面，以恢复尺寸；也用于补救零件加工尺寸的超差。

（1）镀前预处理镀。镀前首先对工件进行除油防锈，之后再进行阳极刻蚀。

（2）侵蚀。把经过预处理的工件放入镀铁液中，先不通电，静放 0.5～5 min 左右。

（3）起镀与过渡镀。这是低温镀铁工艺中影响镀铁层与基本金属结合强度的关键工序之一。

（4）正常直流镀。当结束过渡镀后，就转入了正常电镀，以保证必要的沉积速率、电流效率和镀层的性能。

（5）镀后的质量检查和处理。镀后冲洗干净，应检查镀层色泽、有无起皮、针孔、缺镀等，必要时应测定镀层硬度。

当镀层质量合格后，可根据需要和技术条件的要求进行机械加工（磨削）。

第四章　中小型建筑机械管理

第一节　施工机械使用管理基本制度

【技能要点 1】"三定"制度

1. "三定"制度的形式

根据机械类型的不同,定人定机有下列三种形式。

(1)单人操作的机械,实行专机专人负责制,其操作人员承担机长职责。

(2)多班作业或多人操作的机械,均应组成机组,实行机组负责制,其机组长即为机长。

(3)班组共同使用的机械以及一些不宜固定操作人员的设备,应指定专人或小组负责保管和保养,限定具有操作资格的人员进行操作,实行班组长领导下的分工负责制。

2. "三定"制度的作用

(1)有利于保持机械设备良好的技术状况,有利于落实奖罚制度。

(2)有利于熟练掌握操作技术和全面了解机械设备的性能、特点,便于预防和及时排除机械故障,避免发生事故。充分发挥机械设备的效能。

(3)便于做好企业定编定员工作,有利于加强劳动管理。

(4)有利于原始资料的积累,便于提高各种原始资料的准确性、完整性和连续性,便于对资料的统计、分析和研究。

(5)便于推广单机经济核算工作和设备竞赛活动的开展。

3. "三定"制度的管理

(1)机械操作人员的配备,应由机械使用单位选定,报机械主管部门备案;重点机械的机长,还要经企业分管机械的领导批准。

（2）机长或机组长确定后，应由机械建制单位任命，并应保持相对稳定，不要轻易更换。

（3）企业内部调动机械时，大型机械原则上做到人随机调，重点机械则必须人随机调。

4. 操作人员职责

（1）努力钻研技术，熟悉本机的构造原理、技术性能、安全操作规程及保养规程等，达到本等级应知应会的要求。

（2）正确操作和使用机械，发挥机械效能，完成各项定额指标，保证安全生产、降低各项消耗。对违反操作规程、可能引起危险的指挥，有权拒绝并立即报告。

（3）精心保管和保养机械，做好例保和一保作业，使机械经常处于整齐清洁、润滑良好、调整适当、紧固件无松动的良好技术状态。保持机械附属装置、备品附件、随机工具等完好无损。

（4）及时正确填写各项原始记录和统计报表。

（5）计算执行岗位责任制及各项管理制度。

5. 机长职责

机长是不脱产的操作人员，除履行操作人员职责外，还应做到以下几点。

（1）组织并督促检查全组人员对机械的正确使用、保养和保管，保证完成施工生产任务。

（2）检查并汇总各项原始记录及报表，及时准确上报。组织机组人员进行单机核算。

（3）组织并检查交接班制度执行情况。

（4）组织本机组人员的技术业务学习，并对他们的技术考核提出意见。

（5）组织好本机组内部及兄弟机组之间的团结协作和竞赛。拥有机械的班组长，也应履行上述职责。

【技能要点 2】技术培训和技术考核

1. 技术培训

施工企业的技术培训应该是全员、多层次的技术业务培训，包括对领导干部、业务干部、技术人员和操作与维修工人的培训。对领导干部培训的目的是使他们具有比较全面的机械设备管理知识,具有对本企业的机械管理工作进行独立分析与研究、作出判断和决策的能力,成为具有系统理论知识,既懂技术管理,又懂经济管理的专门人才。对业务干部培训的目的是熟悉机械设备管理工作全过程的程序和方法。同时也要掌握一定的机械技术知识,为做好业务工作打好基础。对技术人员培训的目的是使他们原有的知识得到深化,以便适应科学技术的发展,能够随时掌握建筑机械发展的动向,熟悉新产品的技术性能、结构特点和用途,了解机械维修的新工艺、新设备和新方法,不断提高对机械设备合理使用和技术经济论证的能力。对工人培训的目的是使他们达到工种、等级应知应会的要求,使操作工人做到"四懂三会",即懂机械原理、懂机械构造、懂机械性能、懂机械用途,会操作、会维修、会排除故障。使维修工人做到"三懂、四会"即懂技术要求、懂质量标准、懂验收规范,会拆检、会组装、会调试、会鉴定。对业务干部和技术人员的培训可以采取不定期单项知识讲座、短期脱产培训和到高校进修等方式。对工人的培训包括技校培训、集中培训、以师带徒和技术交底等方式。

2. 技术考核

为保证机械设备的安全运行和实行岗位责任制度,建筑企业应建立岗位资格证书和操作证书制度。技术考核应与技术培训相结合,以国家制定的考核标准为依据,考核合格并取得岗位资格证书和操作证书才能上岗。

【技能要点3】机械设备检查和竞赛

1. 机械设备检查

机械设备检查的主要内容有以下几项。

(1)机械管理体制和机构设置的建立和健全情况。

(2)各项规章制度的贯彻、执行情况。

(3)有关机械管理的各项指标完成情况。

(4)机械设备的技术状况,维修、保养计划的执行情况以及设备改造情况。

（5）操作人员、维修人员的技术培训和技术考核情况。

（6）各项原始资料、报表、技术档案和机械履历书的收集、填报和管理情况。

（7）设备竞赛开展情况。

2. 机械设备竞赛

在施工企业开展"红旗设备"竞赛活动对推动机组人员爱护机械设备,主动改善机械技术状况,提高机械使用效率都具有一定的积极作用。"红旗设备"的五条标准如下。

（1）完成任务好。做到优质、高产、安全、低耗。

（2）技术状况好。工作能力达到规定要求。

（3）"十字作业"好,即清洁、润滑、紧固、调整、防腐好。

（4）零部件、附属装置、随机工具齐全完整。

（5）使用、维修记录齐全,准确。

第二节 中小型机械安全操作

【技能要点1】卷扬机的操作安全

（1）卷扬机司机必须经专业培训,考试合格,持证上岗作业,并应专人专机。

（2）卷扬机安装的位置必须选择视线良好,远离危险作业区域的地点。卷扬机距第一导向轮（地轮）的水平距离应在15 m左右。从卷筒中心线到第一导向轮的距离,带槽卷筒应大于卷筒宽度的15倍,无槽卷筒应大于卷筒宽度的20倍。钢丝绳在卷筒中间位置时,滑轮的位置应与卷筒中心垂直。导向滑轮不得用开口拉板（俗称开口葫芦）。

（3）卷扬机后面应埋设地锚与卷扬机底座用钢丝绳拴牢,并应在底座前面打桩。

（4）卷筒上的钢丝绳应排列整齐,至少保留3～5圈。导向滑轮至卷扬机卷筒的钢丝绳,凡经过通道处必须遮护。

（5）卷扬机安装完毕必须按标准进行检验,并进行空载、动载、超载试验。

1)空载试验:即不加荷载,按操作中各种动作反复进行,并试验安全防护装置灵敏可靠。

2)动载试验:即按规定的最大载荷进行动作运行。

3)超载试验:一般在第一次使用前,或经大修后按额定载荷的110%~125%逐渐加荷进行。

(6)每日班前应对卷扬机、钢丝绳、地锚、地轮等进行检查,确认无误后,试空车运行,合格后方可正式作业。

(7)卷扬机在运行中,操作人员(司机)不得擅离岗位。

(8)卷扬机司机必须听视信号,当信号不明或可能引起事故时,必须停机待信号明确后方可继续作业。

(9)吊物在空中停留时,除用制动器外并应用棘轮保险卡牢。作业中如遇突然停电必须先切断电源,然后按动刹车慢慢地放松,将吊物匀速缓缓地放至地面。

(10)保养设备必须在停机后进行,严禁在运转中进行维修保养或加油。

(11)夜间作业,必须有足够的照明装置。

(12)卷扬机不得超吊或拖拉超过额定重量的物件。

(13)司机离开时,必须切断电源,锁好闸箱。

【技能要点2】混凝土搅拌机的操作安全

(1)混凝土搅拌机的操作人员(司机)必须经安全技术培训,考试合格,持证上岗。严禁非司机操作。

(2)混凝土搅拌机安装必须平稳牢固,轮胎应卸下保存(长期使用),并应搭设防雨、防砸的保温工作棚。操作台应保持整洁,棚内设给水设施,棚外应设沉淀池,必须排水畅通,并应装设除尘设备。

(3)每日必须进行班前、班中、班后"三检制",其检查内容如下。

1)每日上班前应检查机棚内环境和机械是否有障碍物。检查钢丝绳、离合器、制动器和安全防护装置应灵敏可靠,轨道滑轮良好正常,机身平稳,确认无误方可合闸试车。经2~3 min运转,滚筒转动平稳,不跳动、不跑偏、无异常声响后,方可正式操作。

2)运中司机不得擅离岗位。应随时观察,发现不正常现象或异常音响,应将搅拌筒内存料放出。停机拉闸断电(如有人操作,严禁合闸警示牌)后进行检查修理。

3)班后应将机械内外刷干净,并将料斗升起,挂牢双保险钩后,拉闸断电并锁好电箱门。

(4)搅拌机不得超负荷使用。运转中严禁维修保养,严禁用工具伸入搅拌机内扒料。若遇中途停电时,必须将料卸出。

(5)强制式搅拌机的骨料必须按规定粒径的允许值供料,严禁使用超大骨料。

(6)砂堆板结需要捣松时,必须两人作业,一人操作,一人监护,必须站在安全稳妥的地方,并有安全措施。严禁盲目冒险作业。

(7)机械运转中,严禁将头或手伸入料斗与机架之间查看或探摸。

(8)料斗提升时,严禁在料斗下操作或穿行。清理斗坑时,必须将料斗挂牢双保险钩后方可清理。

(9)冬季停机后,必须将水泵及贮水罐中的水放净。

(10)运输搅拌机应办理通行证,按规定速度行驶,牵引时一般不得超过 20 kW/h。人力转移时,上下坡时应前转向、后制动,设专人指挥,密切配合,协调一致。

【技能要点3】灰浆搅拌机的操作安全

(1)灰浆搅拌机操作人员(司机)必须经安全技术培训,考试合格,持证上岗。严禁非操作人员(司机)操作。

(2)灰浆搅拌机的安装应平稳牢固,行走轮应架悬,机座应垫高出地面。在建筑物附近安装应搭设防砸、防雨棚。

(3)作业前检查电气设备、漏电保护器和可靠的接零或接地保护;传动部分、安全防护装置齐全有效,确认无异常后方可试运转。

(4)操作时先启动,待运转正常后,方可加料和水进行搅拌,不得先加足料后再启动。沙子应过筛,投料严禁超量。

(5)加料时应将工具高于搅拌叶,严禁运转中把工具伸进搅拌筒内扒料。

(6)搅拌筒内落入大的杂物时,必须停机后再检查,严禁运转中伸手捡捞。

(7)运转中严禁维修保养,发现卡住或异常时,应停机拉闸断电后再排除故障。

(8)作业完毕,必须切断电源,拔去电源插头(销),并用水将灰浆搅拌机内外清洗干净(清洗时严禁电气设备进水),方可离开。

【技能要点4】机动翻斗车的操作安全

(1)现场内行驶机动车辆的驾驶作业人员,必须经专业安全技术培训,考试合格,持《特种作业操作证》上岗作业。未经交通部门考试发证的严禁上公路行驶。

(2)作业前检查燃油、润滑油、冷却水应充足,变速杆应在空挡位置,气温低时应加热水预热。

(3)发动后应空转5~10 min,待水温升到400 ℃以上时方可一挡起步,严禁二挡起步或将油门猛踩到底的操作。

(4)开车时精神要集中,行驶不准载人、不准吸烟、不准打闹玩笑。睡眠不足和酒后严禁作业。

(5)运输构件宽度不得超过车宽,高度不得超过1.5 m(从地面算起)。运输混凝土时,混凝土的平面应低于斗口10 cm;运砖时,高度不得超过斗平面,严禁超载行驶。

(6)雨雪天气,夜间应低速行驶,下坡时严禁空挡滑行和下25°以上陡坡。

(7)在坑槽边缘倒料时,必须在距0.8~1 m处设置安全挡掩(20 cm×20 cm的木方)。车在距离坑槽10 m处即应减速至安全挡掩处倒料,严禁骑沟倒料。

(8)翻斗车上坡道(马道)时,坡道应平整,宽度不得小于2.3 m以上,两侧设置防护栏杆,必须经检查验收合格方可使用。

(9)检修或班后刷车时,必须熄火并拉好手制动。

【技能要点5】蛙式打夯机的操作安全

(1)每台夯机的电机必须是加强绝缘或双重绝缘电机,并装有漏电保护装置。

(2)夯机操作开关必须使用定向开关,并保证动作灵敏,且进线口必须加胶圈。每台夯机必须单独使用闸具或插座。电源线和零(地)线与定向开关,电机接线柱连接处必须加接线端子与之紧固。

(3)必须使用四芯胶套电缆线。电缆线在通过操作开关线口之前应与夯机机身用卡子固定。电源开关至电机段的电缆线应穿管固定敷设,夯机的电缆线不得长于50 m。

(4)夯机的操作手柄必须加装绝缘材料。

(5)每班前必须对夯机进行以下检查。

1)各部电气部件的绝缘及灵敏程度,零线是否完好。

2)偏心块连接是否牢固,大皮带轮及固定套是否有轴向窜动现象。

3)电缆线是否有扭结、破裂、折损等可能造成漏电的现象。

4)整体结构是否有开焊和严重变形现象。

(6)每台夯机应设两名操作人员。一人操作夯机,一人随机整理电线。操作人员均必须戴绝缘手套、穿胶鞋。

(7)操作夯机者应先根据现场情况和工作要求确定行夯路线,操作时按行夯路线随夯机直线行走。严禁强行推进、后拉、按压手柄、强行猛拐弯或撒把不扶,任夯机自由行走。

(8)随机整理电线者应随时将电缆整理通顺,盘圈送行,并应与夯机保持3~4 m的余量,发现电缆线有扭结缠绕、破裂及漏电现象,应及时切断电源,停止作业。

(9)夯机作业前方2 m内不得有人。多台夯机同时作业时,其并列间距不得小于5 m,纵列间距不得小于10 m。

(10)夯机不得打冻土、坚石、混有砖石碎块的杂土以及一边偏硬的回填土。在边坡作业时应注意保持夯机平稳,防止夯机翻倒坠夯。

(11)经常保持机身整洁。托盘内落入石块、杂物、积土较多或底部黏土过多,出现啃土现象时,必须停机清除,严禁在运转中清除。

(12)搬运夯机时,应切断电源,并将电线盘好,夯头绑住。往坑槽下运送时,应用绳索送,严禁推、扔夯机。

(13)停止操作时,应切断电源,锁好电源闸箱。

(14)夯机用后必须妥善保管,应遮盖防雨布,并将其底部垫高。

【技能要点 6】水泵的操作安全

(1)作业前应进行检查,泵座应稳固。水泵应按规定装设漏电保护装置。

(2)运转中出现故障时应立即切断电源,排除故障后方可再次合闸开机。检修必须由专职电工进行。

(3)夜间作业时,工作区应有充足照明。

(4)水泵运转中严禁从泵上跨越。升降吸水管时,操作人员必须站在有护栏的平台上。

(5)提升或下降潜水泵时必须切断电源,使用绝缘材料,严禁提拉电缆。

(6)潜水泵必须做好保护接零并装设漏电保护装置。潜水泵工作水域 30 m 内不得有人畜进入。

(7)作业后,应将电源关闭,将水泵安放妥善。

【技能要点 7】倒链的操作安全

(1)使用前应检查吊架、吊钩、链条、轮轴、链盘等部件,如发现有锈蚀、裂纹、损伤、变形、扭曲、传动部分不灵活等,严禁使用。

(2)使用的链葫芦,严禁超载,外壳上应有额定吨位标记。气温在 10 ℃～12 ℃下,不得超过其额定起重量的一半。

(3)使用时,先倒松链条,挂好起吊物体,慢慢拉动牵引链条,待起重链条受力后,再检查齿轮啮合及自锁装置的工作状况,确认无误后方可继续起重作业。

（4）拉动链条时,应均匀缓进,并与链轮盘方向一致,不得斜向拽动,拉动链条只许一人操作,严禁二人以上猛拉。操作时严禁站在倒链的正下方。

（5）齿轮应经常加油润滑。应经常检查棘爪、棘爪弹簧和齿轮的技术状况,防止制动失灵。

（6）重物需在空间停留时间较长时,必须将小链拴在大链上。

（7）起重时如需在建筑物构件上拴挂倒链葫芦,必须经技术负责人负荷量计算,确认安全方可进行作业。

（8）倒链使用完毕后,应拆卸清洗干净,重新上好润滑油,并安装好送仓库妥善保管,防止链条锈蚀。

【技能要点 8】钢筋除锈机的操作安全

（1）检查钢丝刷的固定螺栓有无松动,传动部分润滑和封闭式防护罩及排尘设备等完好情况。

（2）操作人员必须束紧袖口,戴防尘口罩、手套和防护眼镜。

（3）严禁将弯钩成型的钢筋上机除锈。弯度过大的钢筋宜在基本调直后除锈。

（4）操作时应将钢筋放平,手握紧,侧身送料,严禁在除锈机正面站人。整根长钢筋除锈应由两人配合操作,互相呼应。

【技能要点 9】钢筋调直机的操作安全

（1）调直机安装必须平稳,料架料槽应平直,对准导向筒、调直筒和下刀切孔的中心线。电机必须设可靠接零保护。

（2）按调直钢筋的直径,选用调直块及速度。调直短于 2 m 或直径大于 9 mm 的钢筋应低速进行。

（3）在调直块未固定,防护罩未盖好前不得穿入钢筋。作业中严禁打开防护罩及调整间隙。严禁戴手套操作。

（4）喂料前应将不直的料头切去,导向筒前应装一根 1 m 长的钢管,钢筋必须先通过钢管再送入调直机前端的导孔内。当钢筋穿入后,手与压辊必须保持一定距离。

（5）机械上不准搁置工具、物件,避免振动落入机体。

（6）圆盘钢筋放入放圈架上要平稳，乱丝或钢筋脱架时，必须停机处理。

（7）已调直的钢筋，必须按规格、根数分成小捆，散乱钢筋应随时清理堆放整齐。

【技能要点 10】钢筋切断机的操作安全

（1）操作前必须检查切断机刀口，确定安装正确，刀片无裂纹，刀架螺栓紧固，防护罩牢靠，然后手扳动皮带轮检查齿轮啮合间隙，调整刀刃间隙，空运转正常后再进行操作。

（2）钢筋切断应在调直后进行，断料时要握紧钢筋。多根钢筋一次切断时，总截面积应在规定范围内。

（3）切断钢筋，手与刀口的距离不得少于 15 cm。断短料手握端小于 40 cm 时，应用套管或夹具将钢筋短头压住或夹住，严禁用手直接送料。

（4）机械运转中严禁用手直接清除刀口附近的断头和杂物。在钢筋摆动范围内和刀口附近，非操作人员不得停留。

（5）发现机械运转异常、刀片歪斜等，应立即停机检修。

【技能要点 11】钢筋弯曲机的操作安全

（1）工作台和弯曲工作盘台应保持水平，操作前应检查芯轴、成型轴、挡铁轴、可变挡架有无裂纹或损坏，防护罩牢固可靠，经空运转确认正常后，方可作业。

（2）操作时要熟悉倒顺开关，控制工作盘旋转的方向，钢筋放置要和挡架、工作盘旋转方向相配合，不得放反。

（3）改变工作盘旋转方向时必须在停机后进行，即从正转—停—反转，不得直接从正转—反转或从反转—正转。

（4）弯曲机运转中严禁更换芯轴、成型轴或变换角度及调速，严禁在运转时加油或清扫。

（5）弯曲钢筋时，严禁超过该机对钢筋直径、根数及机械转速的规定。

（6）严禁在弯曲钢筋的作业半径内和机身不设固定销的一侧

站人。弯曲好的钢筋应堆放整齐,弯钩不得朝上。

【技能要点 12】钢筋冷拉的操作安全

(1)根据冷拉钢筋的直径选择卷扬机。卷扬机出绳应经封闭式导向滑轮和被拉钢筋方向成直角。卷扬机的位置必须使操作人员能见到全部冷拉场地,距冷拉中线不得少于 5 m。

(2)冷拉场地两端地锚以外应设置警戒区,装设防护挡板及警告标志,严禁非生产人员在冷拉线两端停留,跨越或触动冷拉钢筋。操作人员作业时必须离开冷拉钢筋 2 m 以外。

(3)用配重控制的设备必须与滑轮匹配,并有指示起落的记号或设专人指挥。配重框提起的高度应限制在离地面 300 mm 以内。配重架四周应设栏杆及警告标志。

(4)作业前应检查冷拉夹具夹齿是否完好,滑轮、拖拉小跑车应润滑灵活,拉钩、地锚及防护装置应齐全牢靠。确认后方可操作。

(5)每班冷拉完毕。必须将钢筋整理平直,不得相互乱压和单头挑出,未拉盘筋的引头应盘住,机具拉力部分均应放松。

(6)导向滑轮不得使用开口滑轮。维修或停机,必须切断电源,锁好箱门。

【技能要点 13】钢筋焊接的操作安全

1. 使用对焊机

(1)对焊机应有可靠的接零保护。多台对焊机并列安装时,间距不得小于 3 m,并应接在不同的相线上,有各自的控制开关。

(2)作业前应进行检查,对焊机的压力机构应灵活,夹具必须牢固,气、液压系统应无泄漏,正常后方可施焊。

(3)焊接前应根据所焊钢筋截面,调整二次电压,不得焊接超过对焊机规定直径的钢筋。

(4)应定期磨光断路器上的接触点、电极,定期紧固二次电路全部连接螺栓。冷却水温度不得超过 40 ℃。

(5)焊接较长钢筋时应设置托架,焊接时必须防止火花烫伤其他人员。在现场焊接竖向柱钢筋时,焊接后应确保焊接牢固后再松开卡具,进行下道工序。

2. 使用点焊机

(1)作业前,必须清除上、下两电极的油污。通电后,检查机体外壳应无漏油。

(2)启动前,应首先接通控制线路的转向开关调整极数,然后接通水源、气源,最后接通电源。电极触头应保持光洁,漏电应立即更换。

(3)作业时气路、水冷系统应畅通。气体保持干燥。排水温度不得超过 40 ℃。

(4)严禁加大引燃电路中的熔断器。当负载过小使引燃管内不能发生电弧时,不得闭合控制箱的引燃电路。

(5)控制箱如长期停用,每月应通电加热 30 min,如更换闸流管也要预热 30 min,正常工作的控制箱的预热时间不得少于 3 min。

第五章　中小型建筑机械故障诊断

第一节　机械设备的状态监测理论

【技能要点 1】状态监测

设备技术状态是否正常,有无异常征兆或故障出现,可根据监测所取得的设备动态参数(温度、振动、应力等)与缺陷状况,与标准状态进行对照加以鉴别。表 5—1 列出了判断设备状态的一般标准。

表 5—1　判断设备状态的一般标准

设备状态	部件			设备性能
	应力	性能	缺陷状态	
正常	在允许值内	满足规定	微小缺陷	满足规定
异常	超过允许值	部分降低	缺陷扩大	接近规定,一部分降低
故障	达到破坏值	达不到规定	破损	达不到规定

(1)为监测设备的工作情况提供可靠的依据。设备的零部件在故障发生时总是从状态开始的,例如,零部件的温度升高,震动加剧,噪声增大,磨损变快等,通过状态监测就可以及时发现这些信息,发现其产生及变化的情况,可以帮维修人员准确判断故障的性质。

(2)为确切分析故障提供必要的依据。当设备出现故障时根据监测的信息可以正确地分析判断故障的位置,减少维修时间,提高效率。

(3)为及时准备备品备件提供依据。在生产过程中设备突然发生故障,需要更换部件,但因为没有备件,而不得不停机进行等待,而有时有些备件不是标准件需要在厂家购买,这样等待的时间会更长,会对生产造成影响,此时就可以根据故障监测收集的信息预测哪些备件会出现故障而提前提对所需的零件提出备份。

(4)减少停机时间。设备维修人员根据设备状态监测提供的信息,把即将出现故障的地方,或是即将影响生产要停下来修复的地方,提前安排生产外的时间将其修复,以免在生产中发生故障而影响生产。

(5)适当延长设备检修周期提供充分的依据。根据监测收集的信息,就可以分析判断设备在一段时间内的运行趋势。如果对温度、振动、精度、磨损等参数的监测,看有无异常情况发生,即使设备在运行中超过规定的检测周期,都允许只对轴承等关键部位进行局部检查后,继续运行使用,从而提高设备的使用寿命。

以状态监测为基础有利于建立合理的计划检测制度。以状态监测为基础的现代计划检修制度,具有按照设备的实际技术和自身的实际磨损情况决定检修的特点。理论与实际相结合提高了计划检修制度的合理性。

【技能要点 2】机械设备状态监测的方法

1.听诊法

设备正常运转时伴随发生的音响总是具有一定音律和节奏,通过人的听觉功能就能对比设备是否出现重、杂、怪乱等的异常噪声,判断设备的内部是否出现振动、撞击、不平衡等隐患。可用手锤敲打是否发现破裂声,判断有无裂纹产生。

2.触测法

用人手的触摸可以监测设备的温升,振动及其间歇的变化情况。人手的神经纤维对温度比较敏感,可以比较准确地分辨出温度差别。当机件温度在 0 ℃左右时,手感冰凉,若触摸较长,会产生刺骨感;10 ℃左右时,手感较凉,但一般能忍受;20 ℃左右时,手感稍凉,随着接触的时间的增长;手感渐热,30 ℃左右时手感微温,有舒适感;40 ℃左右时,手感较热,有微烫感;50 ℃左右时,手感较烫,若接触时间较长,会有汗感;60 ℃左右时手感很烫,但一般可以忍受 10 s 左右;70 ℃左右时手感到灼痛,手的接触处会很快变红。触摸时,应先试触后再细触,以估计机件的温度情况。用手晃动机件可以感觉出 0.1～0.3 mm 的间隙大小,用手触摸机件可以感觉振动的强弱变化或是否产生冲击等情况。

3.观察法

人的视觉可以观察设备上有无机件松动,裂纹及其他的损伤等;可以检查润滑是否正常,有无干摩擦的现象;可以检查油箱情况,沉积物中的磨粒大小、多少及特点,判断相关零件的磨损情况,可以观察设备的运行是否正常,有无异常发生。

4.滚动轴承工作状态的监测

轴承在机械设备的传动中占有重要位置,它的工作状况在很大程度上影响设备的工作,也影响其产品的质量,因此作好设备轴承的监测工作,是设备管理人员的一项重要工作。

5.根据产品的质量对设备进行监测

产品的质量在对设备的状态监测中起到重要作用,有时用集中方法无法监测,或者没有监测到,当设备发生故障时,它会从产品的质量上反映出来,比如在瓦楞纸板线上对有些轴承的状态监测用听诊法监测,由于纸板线上的噪声较大,而且有些部位的结构也不允许用听诊法监测。目前我国许多中小厂用的单面机是正压卡匣式的,它的涂胶系统在正常生产时是密封在机器里的,监测其轴承的状态就可以根据产品质量所反映的胶量大小,进行监测。

第二节　机械检修管理理论

【技能要点】机械设备修理

机械设备的维护保养和技术供应

按时做好机械的维护保养,是保证机械正常运行,延长使用寿命的必要手段。为此,在编制施工生产计划的同时,要按规定安排机械保养时间,保证机械按时保养。机械使用中发生故障,要及时排除,严禁带病运行或只使用不保养的做法。

(1)汽车和以汽车底盘为底车的建筑机械,在走合期公路行驶速度不得超过 30 km/h,工地行驶速度不得超过 20 km/h,载重量应减载 20%～25%,同时在行驶中应避免突然加速。

(2)电动机械在走合期内应减载 15%～20% 运行,齿轮箱应采用黏度较低的润滑油,走合期满应检查润滑油状况,必要时更换(如装有新齿轮,应全部更换润滑油)。

(3)机械上原定不得拆卸的部位走合期内不应拆卸,机械走合时应有明显的标志。

(4)入冬前应对操作使用人员进行冬季施工安全教育和冬季操作技术教育,并做好防寒检查工作。

(5)对冬季使用的机械要做好换季保养工作,换用适合本地使用的燃油、润滑油和液压油等油料,并安装保暖装具。凡带水工作的机械、车辆,停用后将水放尽。

(6)机械启动时,先低速运转,待仪表显示正常后再提高转速和负荷工作。内燃发动机应有预热程序。

(7)机械的各种防冻和保温措施不得遗漏。冷却系统、润滑系统、液压传动系统及燃料和蓄电池,均应按各种机械的冬季使用要求进行使用和养护。机械设备应按冬季启动、运转、停机清理等规程进行操作。

(8)机械的管理和使用之间存在着互相影响不可分割的辩证统一关系。重用轻管或管用脱节都会造成经济损失。因此,必须贯彻管用结合的方针。机械管用结合的要点如下。

1)编制施工计划时,应由机务人员参加,使施工计划与机械保修计划相协调,机械性能与施工条件相适应。

2)开工前,施工管理人员应向机务人员交底,如施工进度、工程质量及施工要求等;机务人员也应向施工管理人员说明机械使用规则、管理条例和安全守则等。

3)施工过程中,施工管理人员应遵守机械管理的各项规定,采纳机务人员的合理化建议,并尽量为机械使用创造有利条件;机械操作人员应主动协作,积极创造条件,克服困难,并主动与施工管理人员交换意见,按时、保质、保量地完成施工任务。现场施工负责人要善于协调施工生产和机械使用中的矛盾,既要支持机械操作人员的正确要求,又应向机械操作人员进行技术交底和提出施工要求。

参考文献

[1] 中华人民共和国建设部人事教育司. 中小型建筑机械操作工[M]. 北京:中国建筑工业出版社,2007.

[2] 韩实彬,双全. 机械员[M]. 北京:机械工业出版社,2007.

[3] 赵春海. 机械员[M]. 北京:化学工业出版社,2008.

[4] 中华人民共和国建设部. JGJ 33—2001 建筑机械使用安全技术规程[S]. 北京:中国建筑工业出版社,2001.

[5] 北京土木建筑学会. 安装起重工[M]. 北京:中国计划出版社,2006.

[6] 潘全祥. 机械员[M]. 北京:中国建筑工业出版社,2005.

[7] 钟汉华,张智涌. 施工机械[M]. 北京:中国水利水电出版社,2007.

[8] 杨君伟. 机械制图[M]. 北京:机械工业出版社,2007.

[9] 薛培鼎,崔东印. 图解机械工学手册[M]. 北京:科学出版社,2007.

[10] 韩实彬. 机械员[M]. 北京:机械工业出版社,2007.

[11] 王健石. 机械加工常用量具、量仪数据速查手册[M]. 北京:机械工业出版社,2006.

[12] 华玉洁. 起重机械与吊装[M]. 北京:化学工业出版社,2006.

[13] 马志奇. 通风与空调工程施工机械使用技术[M]. 北京:中国建材工业出版社,2006.